宇航科学与技术系列教材·飞行器动力学与控制

卫星星务和姿态控制系统设计与实验教程

孙　亮　黄　海　赵旭瑞
赵国伟　赵泽林　程　浩　编著

U0245567

北京航空航天大学出版社

内 容 简 介

本书以卫星星务和姿态控制系统为研究对象,采用"概念-设计-实验"递进式逻辑结构展开论述,首先介绍卫星星务和姿态控制基本概念,之后结合典型实例讲述卫星星务系统设计和姿态控制系统设计,最后呈现的实验内容覆盖"部件级-系统级-整星级"全流程,包括典型的卫星姿态敏感器接口和性能测试实验、卫星控制执行机构接口和性能测试实验及卫星星务和姿态控制闭环实验。

本书的特色之处在于设计方法和实验内容均来源于"北航亚太一号"卫星,其已经历在轨检验,完全贴合实际工程需要。

本书既可以作为高等院校相关专业本科生和研究生的卫星星务和姿态控制系统设计与实验系列课程的教材,也可以作为工程技术人员的自学教材或参考资料。

图书在版编目(CIP)数据

卫星星务和姿态控制系统设计与实验教程 / 孙亮等编著. -- 北京 : 北京航空航天大学出版社,2025.2.
ISBN 978 - 7 - 5124 - 4582 - 6

Ⅰ. V474 - 33

中国国家版本馆 CIP 数据核字第 2025JX8333 号

版权所有,侵权必究。

卫星星务和姿态控制系统设计与实验教程
孙　亮　黄　海　赵旭瑞
赵国伟　赵泽林　程　浩　编著
策划编辑　冯维娜　　责任编辑　冯维娜

*

北京航空航天大学出版社出版发行

北京市海淀区学院路 37 号(邮编 100191)　http://www.buaapress.com.cn
发行部电话:(010)82317024　传真:(010)82328026
读者信箱: goodtextbook@126.com　邮购电话:(010)82316936
北京建宏印刷有限公司印装　各地书店经销

*

开本:787×1 092　1/16　印张:9.75　字数:250 千字
2025 年 2 月第 1 版　2025 年 2 月第 1 次印刷　印数:500 册
ISBN 978 - 7 - 5124 - 4582 - 6　定价:49.00 元

若本书有倒页、脱页、缺页等印装质量问题,请与本社发行部联系调换。联系电话:(010)82317024

宇航科学与技术系列教材
编　委　会

主　　　任　杨立军

常务副主任　王伟宗　刘　睿

副　主　任　谢凤英　师　鹏

委　　　员　（按姓氏笔画排序）

李惠峰　陈万春　孟庆春　姜志国　梁国柱

执　行　编　委　（按姓氏笔画排序）

刘小明　杨文将　余南嘉　宋　佳　张浩鹏

金　磊　钟　睿　袁　丁

序

　　航天是引领未来科技发展的核心力量,是大国安全的战略基石和强国经济的动力源泉。航天技术的发展反映了国家的科技水平和综合国力。党的十八大以来,中国航天取得了举世瞩目的成就。站在新的历史起点,党的二十大报告提出了加快建设航天强国的目标,中国航天正在以新的伟大奋斗开启新的征程。

　　作为集中从事航天人才培养和航天科学研究的综合性航天专业学院,北京航空航天大学宇航学院成立于 1988 年,现建有飞行器设计与工程、探测制导与控制技术、飞行器动力工程、飞行器控制与信息工程、智能飞行器技术、空天智能电推进技术六个本科专业,以及航空宇航科学与技术、控制科学与工程两个一级学科,承担着我航天类学科专业的人才培养任务。北京航空航天大学宇航学院始终坚守立德树人初心、牢记为党育人为国育才使命,全面深化教育教学改革,取得了一系列新成果和新成效。

　　教材是承载知识的重要载体,是学生学习的重要依据和教师教学的基础。教材建设是国家事权和铸魂工程,党的二十大报告提出要加强教材建设和管理,将教材建设作为深化教育领域综合改革的重要环节。航天专业领域的教材建设对引领深化我国航天专业人才培养、为国家航天事业培养新时代高质量人才具有重要意义。

　　航天工程具有知识领域广、技术更新快的特点,对传统教材的知识更新,以及对空天智能等新兴领域教材建设需求迫切。为适应这种形式,北京航空航天大学宇航学院组织长期从事航天人才培养的一线教师,出版了这套"宇航科学与技术系列教材"。该系列教材包含航天器总体与结构设计、飞行器动力学与控制、航天推进、制导导航与控制、空天智能五个方向,既强调航天专业的基础理论知识,又注重空天智能等新兴领域所衍生的新理论与新方法,形成了基础理论、前沿技术、实际工程应用紧密结合的航天特色教材体系。

　　本系列教材是一套理论方法与工程技术融会贯通的教材,不仅可作为航天工程领域相关本科和研究生专业的教学用书,也可作为其他工科专业本科生、研究生以及广大工程技术人员学习航天专业知识的工具用书。

　　探索浩瀚宇宙,发展航天事业,建设航天强国,是中国航天人不懈追求的航天梦。希望这套教材的出版能够加快推进我国新时代航天人才培养,以高质量人才培养服务国家航天战略。

宇航科学与技术系列教材编委会

2023 年 7 月 27 日

前　言

卫星星务系统在空间任务中发挥着重要作用,如航天器与相关地面系统中的数据获取、存储和变换,航天器之间、航天器与地面系统之间的数据通信,基于数据的空间任务操作和空间数据的加工处理、存储、应用等。典型卫星姿态控制系统由姿态敏感器、控制器、控制执行机构与卫星动力学一起构成闭环控制回路。高性能卫星姿态控制系统是在姿态动力学、姿态确定和姿态控制建模的基础上运用经典或现代控制理论和方法来实现的。

本书以卫星星务和姿态控制系统为研究对象,采用"概念-设计-实验"递进式逻辑结构展开论述。本书的特色之处在于设计方法和实验内容均来源于"北航亚太一号"卫星,其已经历在轨检验,完全贴合实际工程需要。本书注重设计与实验并举、融会贯通,且实验内容覆盖"部件级-系统级-整星级"全流程。本书注重理论和工程实践相结合,内容从研制和工程实践中归纳、综合和提炼,实用性极强,为学生将来从事卫星星务和姿态控制系统研究、设计、试验和应用工作打下基础,可供高等院校本科生和研究生学习使用,也可供工程技术人员参考。

本书共分为6章:第1章为卫星星务和姿态控制基本概念;第2章为卫星星务系统设计;第3章为卫星姿态控制系统设计;第4章为卫星姿态敏感器原理及实验;第5章为卫星控制执行机构原理及实验;第6章为卫星星务和姿态控制闭环实验。

本书由孙亮、黄海、赵旭瑞、赵国伟、赵泽林和程浩编著。孙亮负责第1章和第3章,黄海负责第2章,赵旭瑞负责第4章,赵国伟负责第5章,赵泽林和程浩负责第6章。

本书的出版工作得到了北京航空航天大学教务部和宇航学院的支持。同时,教研室的研究生刘宇、郭艳、刘家俊也为实验设计和资料整理做出了重要贡献,编者在此一并表示诚挚的谢意。

由于作者水平、专业领域和所从事的工作范围等条件所限,本书难免会有一些疏漏和不足之处,恳请广大读者和专家批评指正。

编　者
2024.10

目 录

第1章 卫星星务和姿态控制基本概念

卫星星务系统负责卫星整体任务的管理,而卫星姿态控制系统用于保障卫星在空间中的指向稳定,两者通过紧密的协同作用实现卫星的高效运行与任务执行。卫星姿态描述方法和姿态动力学是姿态控制的基础,也是理解和分析卫星在轨运行中姿态变化的基本要素。另外,卫星姿态控制与空间环境密不可分,因此轨道要素和空间环境力矩也须重点考虑。

1.1 卫星星务系统

卫星星务系统用于实现整星运行事务的管理、自主控制和信息的集成,是以微型计算机为部件以构成多机分布式小卫星综合自动化系统。该系统借助四个标准文档规范了全星设备之间的信息接口,并以此来约束星上设备的设计、制造、验收、环境试验和在轨运行的操控,进而构建全星统一电路并对卫星整体进行控制。在借鉴工业自动化技术的基础上,星务系统可以将卫星测量、控制和管理任务分配给各个下位机;同时,该系统并行有序地完成卫星综合信息的采集、处理、存储、传送和应用等一系列工作,形成卫星的重要信息和决策中枢,从而分别对卫星实施指令控制、程序控制、状态控制、过程控制等各种操作,以实现星上资源、运行状况、数据和信息等的统一协调管理和调度。

1.1.1 卫星星务系统的功能

卫星星务系统采用分布式拓扑结构,由多台计算机协同工作,共同实现星务分系统的功能,其结构主要由星务中心计算机、遥测遥控单元、星务数据存储模块、热控下位机、有效载荷管理单元、高精度时钟单元等设备组成,如图 1.1 所示。

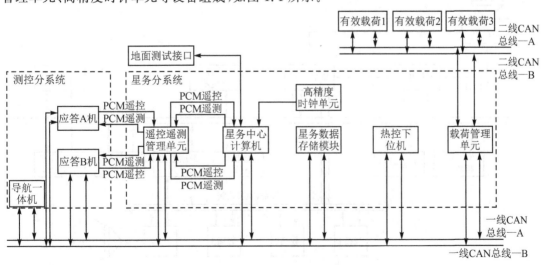

图 1.1　卫星星务系统组成

卫星星务系统是为整星各种功能提供服务的数据信息管理系统,负责完成卫星的运行程序的操作和综合信息处理工作。该系统主要用于管理和控制星上设备任务模块的运行,监视全星状态、协调整星工作、配合有效载荷以实现在轨飞行任务的各种动作和参数的重新设置,最终完成预定的飞行任务并获取相应的结果。卫星星务系统是以星上网络为中心,通过采用标准通信接口协议和数据通信格式的计算机通信网络,将集成电子模块连接形成星上统一电路,完成卫星信息的采集和处理,进行卫星控制和运行管理,建立卫星星上运行环境。

星务计算机主要的功能包含管理遥测遥控数据、接收与执行程控指令、管理星上时间和总线以及备份重要数据。遥控遥测单元主要用于收发指令,将接收到的遥控数据进行解扰、校验,并通过总线通信传送至星务中心计算机,完成遥测应答和指令执行。星务数据储存模块主要用于辅助星务中心计算机保存和备份重要数据,利用 CAN 总线存储和发送数据,也具有断电续传的功能。有效载荷管理单元主要用于采集卫星有效载荷设备和卫星载荷舱的参数,并通过 CAN 总线来切换通信协议以完成与星务中心计算机的通信,进而完成遥测应答和指令执行。热控下位机可以采集卫星平台的温度遥测、进行加热主动温度闭环控制,并与星务中心计算机通过总线网络通信,完成遥测应答和指令执行。

1.1.2 卫星星务系统的发展

卫星事务管理系统(administrative system of satellite affairs,ASSA)是将卫星的遥测、遥控、程控、时统、设备运行、任务调度、自主控制等多项事务管理集成在统一的系统中,形成一个新型的小卫星的重要分系统,简称为星务系统,它是保证卫星完成飞行任务的主要服务系统之一。

1. 国内第一代小卫星星务系统技术

在"实践五号"卫星中首次提出并验证了分布式体系结构的星务系统[1],星务分布式体系结构图如图 1.2 所示。分布式体系结构的星务系统所包括的技术有小卫星的运动学技术(即

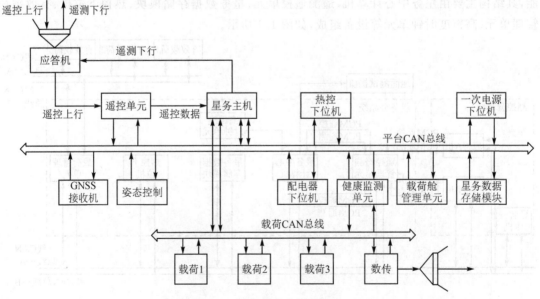

图 1.2 星务分布式体系结构

遥测、遥控遥调、遥信和遥操作）、程控技术、过程自动控制技术、星上时间统一管理技术、卫星运行自主管理技术以及星上网通信技术等。

星务系统是以计算机网络为载体，以协调、控制星上的各种功能部件，是完成包括信息流、动作流、能量流的动态作业所形成的星载信息管理系统。星上各功能部件内嵌星务系统的代理，即管理执行单元（management executive unit，MEU），这些部件协助或代理星务主机以共同完成卫星的全部管控任务。同时，MEU 作为星务系统与星上其他任务模块之间的一种新型电性接口技术，依据"内嵌和封装"的新概念，可以划清整星与部件的界面，提升总体的价值。由于 MEU 的使用，使得由传统的点到点的硬件接口技术规范（即 IDS 表形式）改变并形成了软件数据包的约定，弱化总体与分系统之间的相互制约，方便并行工程的实施。

同时，MEU 也提高了部件各自的性能，可以让原有的非智能化模块成为智能化模块，其主要用于程控电子设备。这些与 MEU 结合的部件也可以利用星上网络（on-board network，OBN）完成可变结构的测量任务、应变操作任务、供配电任务、安全保护任务、多路径的冗余备份切换任务等，以提高整星的功能密度。因此，星务计算机可以与星上的各个功能组件和有效载荷灵活组合，具有极大的灵活性。

2. 国内第二代小卫星星务系统技术

第二代星务系统技术在继承第一代星务系统技术的基础上又新增加了如下 3 项关键技术：

① 基于 CAN 总线构建了星上网络卫星现场控制技术。星上网络通信技术是构建星上智能设备和系统的关键之一，可使整星网络化，使其逐步形成管理与控制一体化的结构体系，最终实现全星的顶层集中管理。同时，CAN 总线的使用也可以使星上的各种设备得以独立控制、并行工作，从而分散风险。

② 建立了新的遥控机制和带参数的间接控制指令，扩展了遥控功能。带参数的间接控制指令增强了传统遥控开关指令的功能；带时间参数的间接遥控指令则构成在轨设置的程序控制手段，两种控制集成后相互补充，增强了传统程控的功能。"增强型遥控"机制有效提高了星地控管能力，在硬件的基础上确保实现"星、地、人、机集成且以人为主"的原则。

③ 集成了 PCM 格式遥测和分包遥测，形成统一遥测机制。统一遥测方案既满足了地面测控前置站的现状和实时性要求，又具备分包遥测的灵活性和优越性。统一遥测协议也具有虚拟信道技术，将实时遥测、境外遥测等各种信源均通过同一物理信道下传。此外，利用遥控与遥测的集成，可以形成可控遥测，根据实时运行状态重新配置遥测的信息流，用双向信息管理提升遥测效益，缓解遥测信道拥挤的情况。

3. 国内第三代小卫星星务系统技术

第三代星务系统技术在前两代的基础上又新增加了如下 4 项关键技术：

① 改造、集成了卫星的某些传统的分系统，如遥测分系统、程控分系统等，将其功能进行重组并形成虚拟分系统。基于此虚拟分系统技术，提出基于星上网的姿态控制方法、网络控制方法，利用网络的优势和整星信息资源，提高卫星姿态控制的灵活性和安全性。

② 采用芯片级星上设备，探索芯片级星务主机研制的可行性、技术实施路线。构建芯片级星务主机的方案，开发星务主机芯片样机、星务主机设备样机、星务主机应用程序，以提高星务系统的性能。

③ 提出整体控制概念。卫星是一个复杂的基于控制与信息技术的复杂大型系统,其内部各类控制系统相互关联、相互制约,共同影响卫星在轨的工作性能和使用寿命。星上网络可以将星上所有系统信息进行融合、共享,对全星进行整体的控制。

④ 提出整星平台统一软、硬件方法。从各种设备和分系统中抽取共同的部分,形成标准构件,各种设备由这些标准构件和附加构件组成,成为统一硬件的组成模式。各种星上设备除统一的硬件外,也会在外围附加特定其他专用硬件,使各分系统或设备的组成可以标准化、规范化。统一软件平台是指统一的操作系统、可以重复使用的卫星测控管的方法库、软件代码库和环境数据库等。统一的软件平台会形成标准的软件代码,可多次重复使用,减少开发的人工费用,并提高可靠性,也可以使星上多个计算机系统相互支援,形成基于网络的容错备份或协同计算。

4. 发展趋势

随着卫星技术的发展,卫星向着高空间分辨率、高时间分辨率、高光谱分辨率、高机动能力和高集成化的方向发展,而这些都对星务系统提出了新的需求。因此,未来的卫星星务系统可以从以下几个方面入手进行设计。

① 平台综合电子与载荷信息流一体化设计。下一代星务系统体系结构朝着平台载荷信息流一体化的方向发展,须实现平台和载荷数据的融合处理,为整星提供更灵活的信息流解决方案。首先,开展下一代高性能星上电子系统研究,在星上电子系统中扩充高速载荷数据处理模块,开展在轨载荷数据实时预处理工作,并将处理结果反馈给星务系统,由星务系统根据实时处理结果开展智能自主任务规划,实时生成卫星后续的载荷任务,实现平台和载荷的信息流闭环控制。其次,开展平台综合电子与载荷深度融合设计工作,直接由平台综合电子对载荷进行管理和控制,提高卫星平台对载荷的管控能力。

② 发展天基高速计算技术。下一代高性能星务系统须包含天基高速计算部组件,从服务用户和支持平台及载荷的数据融合的角度为其提供有力的手段,在系统架构上为高速数据传输、星内、星间一体化联网、载荷信息融合等支撑大数据服务体系的内在需求提供服务。在天基高速计算系统架构的基础上,通过将人工智能算法、芯片与自主任务规划、自主健康管理等需求相结合,提升航天器在智能规划、决策、故障预测与处置方面的能力,通过群体智能等技术实现卫星星群的智能组网、任务协同,提升小卫星系统的整体应用效能。

③ 智能技术应用研究。下一代高性能星务系统的核心技术是软件智能,为了支撑智能卫星和星群任务管理的需求,须重点完成基于高算平台的智能操作系统、嵌入式数据库及人工智能算法的应用,具备高性能在轨图像实时处理等应用软件 APP 的开发能力;开展开放式星务软件架构研究,大力发展第三方应用程序,建立卫星与用户之间的应用软件生态,让普通程序员就能开发和上注星载应用 APP。通过不断升级软件和算法,逐渐提升小卫星自身的感知能力、自主运行能力、在轨大数据处理能力及智能决策能力。

1.2 卫星姿态控制系统

1.2.1 卫星姿态控制系统的功能

卫星姿态控制系统的作用是在星箭分离后,控制卫星进行速率阻尼、地球捕获、太阳帆板展开等一系列过程,最后使得卫星以一定的精度和稳定度保持在一个期望的姿态;当卫星由于某种原因偏离期望状态时,卫星姿态控制系统应能够控制卫星重新恢复到稳定状态。

　　卫星姿态控制系统一般由姿态敏感器、姿态控制单元和执行机构三部分组成。卫星姿态控制系统的简易框图如图1.3所示。

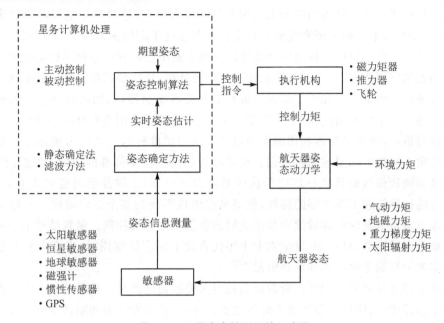

图 1.3　卫星姿态控制系统示意图

　　姿态敏感器用来测量卫星相对于某一基准方位的姿态信息,常用的姿态敏感器包括太阳敏感器、恒星敏感器、红外地平仪、磁强计、陀螺、GPS等;姿态控制单元由星务计算机及相关电路组成,主要对姿态敏感器的测量信息进行采集、分析和处理,以确定卫星的姿态,按事先设计的控制律产生控制指令,发给执行机构;执行机构则根据控制器发出的控制指令调整工作的状态,为卫星提供控制力矩,实现卫星的稳定或机动,常用的执行机构包括磁力矩器、推力器系统、飞轮系统等[2]。

1.2.2　卫星姿态控制系统的发展

　　根据飞行任务对姿态控制精度的要求,低轨小卫星姿态控制系统可分为高精度式和中低精度式两类。高精度卫星主要用于高分辨率光学遥感和具有高精度要求的科学试验,由于该试验的精度要求较高,姿态测量通常采用速率陀螺和恒星敏感器,姿态控制则采用三个正交的反作用飞轮和磁力矩器(磁力矩器用于对飞轮进行卸载)。而大多数小卫星是用于地面通信和空间环境检测科学试验的,对精度的要求不是很高,从成本的角度出发,一般配置较少的硬件设备,通常充分利用空间环境资源来实现卫星的姿态控制。

　　地球周围存在丰富的磁场资源。早在航天时代之初,利用地球磁场对航天器进行姿态控制就引起人们广泛的关注。利用卫星上的永久磁铁或通电线圈(磁力矩器)与地磁场的相互作用来产生控制效果,这在各种类型的卫星中都得到了广泛的应用,但在传统的卫星姿态控制系统中,其通常是作为一种辅助控制,如用于动量轮卸载等。利用地球磁场产生控制力矩具有众多优点:结构简单、质量轻、体积小、能耗低、成本低,并且没有活动部件,这些优点正好满足小卫星质量轻、成本低、可靠性高的发展特点。因此,主动磁控技术成为小卫星姿态控制系统发展的重要方向,目前,国外发射的小卫星中有 40% 左右采用的是主动磁控的姿态控制稳定方案。

作为姿态敏感器,磁强计利用地球磁场来确定卫星的姿态,同样具有体积小、质量轻、性能可靠、功耗低、工作温度范围宽、没有活动部件等优点,广泛应用于微小卫星的姿态控制系统。如果仅用三轴磁强计和三轴磁力矩器来实现卫星的姿态稳定,这对于小卫星的设计来说必然是极大的技术革新,但单磁定姿和纯磁控稳定技术都还处于理论探索阶段,目前只对皮卫星进行了仿真测试[3]。在小卫星的控制中通常辅以其他姿态敏感器和姿态被动稳定技术。

对于姿态敏感器的选择,小卫星除采用三轴磁强计外,往往根据控制精度的要求和小卫星的特点辅以静态红外地平仪和模拟式太阳敏感器等姿态敏感器,利用数据融合技术确定出卫星的姿态信息。对于中低精度小卫星,出于成本考虑,通常不采用高精度陀螺组件。

对于执行机构,小卫星通常利用偏置动量轮或重力梯度杆与三轴磁力矩器结合来实现卫星姿态的稳定。对地定向卫星通常将偏置动量轮安装在卫星俯仰轴的负向,通过陀螺定轴性使卫星的滚动轴和偏航轴具备一定的干扰抑制能力[4,5]。对于惯性空间定向的卫星,往往利用偏置动量轮标称转速不等于零的特性,使整星在惯性空间的某个方向定向。三轴磁力矩器则用来对偏置动量卫星的俯仰轴滚动和偏航轴的进动章动进行控制。偏置动量卫星是在自旋卫星的基础上发展而来,早在 20 世纪六七十年代自旋卫星广泛应用时,许多自旋卫星就利用磁力矩器实现卫星的进动控制和章动阻尼[6,7]。

重力梯度稳定是利用空间环境资源来实现卫星姿态稳定的又一项实用技术[8]。重力梯度稳定具有不消耗能源、简单可靠和成本低等优点,在航天技术发展的初期就很受重视。随着现代小卫星的崛起,为重力梯度控制技术注入了新的推动力。通过伸展重力梯度杆,可以为卫星的滚动轴和俯仰轴提供较大的被动稳定力矩,从而可以对主动磁控引入的磁干扰力矩具有一定的补偿作用,可以实现一定精度的姿态稳定。

1.3 常用坐标系和卫星姿态运动方程

1.3.1 常用坐标系定义

卫星执行飞行任务时,通常都对卫星的定向有预定的要求。对地观测卫星要把星上遥感仪器(照相机镜头等)对准地面,通信卫星的定向通信天线也应指向地面;观测天体的星上天文望远镜应对准预定的天体。卫星进行变轨机动时,星上推力器的推力方向应在空间中有预定的方向。多数的星上观测仪器及推力器等相对星体,其指向是固定的,这就要求卫星星体对某参考物体(地球、天体等,也可称参考系)有给定的方位或指向,描述这种方位的物理量就是卫星姿态。姿态通常用两个坐标之间的相对转动关系来描述。常用的坐标系包括以下 3 种。

(1)地心惯性坐标系

地心惯性坐标系如图 1.4 所示,其原点位于地球中心,x_i 轴指向春分点,z_i 轴垂直地球赤道平面(北极方向),y_i 轴满足右手法则。

(2)质心轨道坐标系

质心轨道坐标系如图 1.5 所示,其原点位于航天器质心,z_o 轴指向地心,x_o 轴在轨道平面内且与轨道速度方向一致，y_o 轴垂直于轨道平面且与轨道角动量的方向相反。

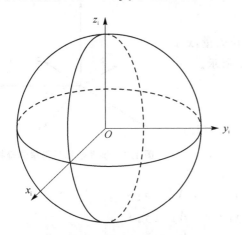

图 1.4　地心惯性坐标系示意图

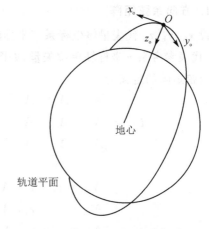

图 1.5　质心轨道坐标系示意图

（3）航天器星体坐标系

航天器星体坐标系如图 1.6 所示，其原点位于航天器质心，z_b 轴指向航天器下方，x_b 轴指向航天器前方，y_b 轴指向航天器右方（符合右手法则）。

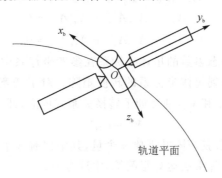

图 1.6　航天器星体坐标系示意图

1.3.2　卫星姿态参数

卫星姿态指卫星相对于空间某参考坐标系的方位或指向。早在人造地球卫星上天之前，天体力学家就曾对最熟悉的两个自然天体——地球和月球的姿态运动进行了深入的研究。例如 18 世纪对地球自旋运动的研究，发现了地球自旋轴在空间指向的岁差和章动；而对月球（它不自旋）姿态的研究则总结出了月球的天平动理论。人造地球卫星上天之后，为了充分利用人造卫星来执行特定任务，对卫星的姿态运动提出了许多新要求，这也促使卫星姿态动力学和控制的研究工作蓬勃发展。

定量研究姿态变化，需要定义两个坐标系之间的指向偏差。通常，用星体坐标系代表卫星实际姿态指向，而参考系通常选为轨道坐标系。有时也用质心惯性系作为参考系，此时研究对象为星体相对惯性空间的姿态运动；卫星相对于参考系的姿态指向作为卫星姿态参数。卫星姿态参数是可转换的，知道一个姿态参数，就可以转换为其他姿态参数。常用的姿态参数化描述包括如下 4 项。

1. 方向余弦矩阵

设 x_b, y_b, z_b 代表星体坐标系三坐标轴单位矢量,x_r,
y_r, z_r 代表参考系三坐标轴单位矢量,如图 1.7 所示。
方向余弦矩阵的定义为[5]

$$\boldsymbol{L}_{br} = \begin{bmatrix} A_{xx} & A_{xy} & A_{xz} \\ A_{yx} & A_{yy} & A_{yz} \\ A_{zx} & A_{zy} & A_{zz} \end{bmatrix} \quad (1.1)$$

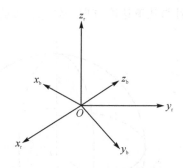

图 1.7 参考坐标系与星体坐标系

其中

$$\left.\begin{array}{l} A_{xx} = x_b \cdot x_r, \quad A_{xy} = x_b \cdot y_r, \quad A_{xz} = x_b \cdot z_r \\ A_{yx} = y_b \cdot x_r, \quad A_{yy} = y_b \cdot y_r, \quad A_{yz} = y_b \cdot z_r \\ A_{zx} = z_b \cdot x_r, \quad A_{zy} = z_b \cdot y_r, \quad A_{zz} = z_b \cdot z_r \end{array}\right\} \quad (1.2)$$

$$\left.\begin{array}{l} A_{xx}^2 + A_{xy}^2 + A_{xz}^2 = 1 \\ A_{yx}^2 + A_{yy}^2 + A_{yz}^2 = 1 \\ A_{zx}^2 + A_{zy}^2 + A_{zz}^2 = 1 \end{array}\right\} \quad (1.3)$$

$$\left.\begin{array}{l} A_{xx}A_{yx} + A_{xy}A_{yy} + A_{xz}A_{yz} = 0 \\ A_{xx}A_{zx} + A_{xy}A_{zy} + A_{xz}A_{zz} = 0 \\ A_{yx}A_{zx} + A_{yy}A_{zy} + A_{yz}A_{zz} = 0 \end{array}\right\} \quad (1.4)$$

方向余弦矩阵确定了姿态参数的星体坐标系在参考坐标系中的几何方位指向,该矩阵实质是姿态参数从参考坐标系到星体坐标系的转换矩阵。对于任意矢量 $\boldsymbol{V}$,它在参考系与星体坐标系中分量形式分别为 $\boldsymbol{V}_r$ 和 $\boldsymbol{V}_b$,则有如下转换关系式成立,即

$$\boldsymbol{V}_b = \boldsymbol{L}_{br}\boldsymbol{V}_r \quad (1.5)$$

由定义可以看出,方向余弦矩阵共需要 9 个量,其中仅有 3 个量独立,求解时约束条件多导致计算量大;得出解后,矩阵乘法运算很简练,实现方便。

对方向余弦矩阵 $\boldsymbol{A}_{br}$ 来说,其转置与矩阵的逆相等,具有可叠加性,可以用其表示坐标系的多次旋转。方向余弦矩阵是用于表示坐标系之间旋转关系最直接的方式,并且可以与欧拉角、四元数、罗德里格斯参数等姿态参数相互转换。

2. 欧拉角

依据欧拉定理,刚体绕固定点的任意转动可以通过绕该点的三次有限转动合成。欧拉角姿态参数就是使用三次连续转动来定义星体坐标系相对于参考系的指向方位,具有直观的几何意义,并且是三维姿态的最简表示法。分析姿态相对于轨道系变化时,最常用的是 3-2-1 转动次序,如图 1.8 所示。

$$S_r \xrightarrow{R_z(\psi)} o \xrightarrow{R_y(\theta)} o \xrightarrow{R_x(\varphi)} S_b$$

此时三次转动角度有特定的几何意义:ψ 为偏航角,θ 为俯仰角,φ 为滚动角。由欧拉角参数生成姿态

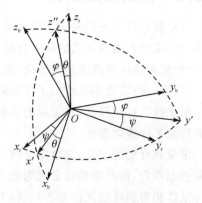

图 1.8 3-2-1 转序下定义的欧拉角

矩阵 $\boldsymbol{L}_{\mathrm{br}}$ 的公式为[8]

$$
\begin{bmatrix} \boldsymbol{x}_{\mathrm{b}} \\ \boldsymbol{y}_{\mathrm{b}} \\ \boldsymbol{z}_{\mathrm{b}} \end{bmatrix} = \boldsymbol{L}_x(\varphi)\boldsymbol{L}_y(\theta)\boldsymbol{L}_z(\psi) \begin{bmatrix} \boldsymbol{x}_{\mathrm{r}} \\ \boldsymbol{y}_{\mathrm{r}} \\ \boldsymbol{z}_{\mathrm{r}} \end{bmatrix} = \boldsymbol{L}_{\mathrm{br}} \begin{bmatrix} \boldsymbol{x}_{\mathrm{r}} \\ \boldsymbol{y}_{\mathrm{r}} \\ \boldsymbol{z}_{\mathrm{r}} \end{bmatrix} \tag{1.6}
$$

$$
\boldsymbol{L}_{\mathrm{br}} = \boldsymbol{L}_x(\varphi)\boldsymbol{L}_y(\theta)\boldsymbol{L}_z(\psi) \tag{1.7}
$$

$$
\boldsymbol{L}_{\mathrm{br}} = \begin{bmatrix} \cos\theta\cos\psi & \cos\theta\sin\psi & -\sin\theta \\ \sin\varphi\sin\theta\cos\psi - \cos\varphi\sin\psi & \sin\varphi\sin\theta\sin\psi + \cos\varphi\cos\psi & \sin\varphi\cos\theta \\ \cos\varphi\sin\theta\cos\psi + \sin\varphi\sin\psi & \cos\varphi\sin\theta\sin\psi - \sin\varphi\cos\psi & \cos\varphi\cos\theta \end{bmatrix}
$$

$$
\tag{1.8}
$$

由矩阵 $\boldsymbol{L}_{\mathrm{br}}$ 可以解算出 ψ、θ、φ 的公式,即

$$
\left. \begin{aligned} \psi &= \arctan\frac{A_{12}}{A_{11}} \\ \theta &= \arctan\left(-\frac{A_{13}}{A_{33}}\right) \\ \varphi &= \arcsin\frac{A_{23}}{A_{33}} \end{aligned} \right\} \tag{1.9}
$$

　　欧拉角具有明确的几何概念,因此在工程中经常使用。然而,欧拉角有一定的局限性,那就是它的奇点问题。以 3-2-1 的旋转顺序为例,如果第二次绕 y 轴旋转的角度是 90°,那么第一次旋转的轴与第三次旋转的轴将在同一条直线上,从而无法区分两次旋转的角度,表现为运动方程中分母出现零值。因此,使用欧拉角进行坐标变换是有条件的。

3. 四元数

　　为了便于对姿态转换矩阵进矩阵运算,由欧拉轴角参数组成了另外 4 个姿态参数。前 3 个参数代表欧拉轴的方向,第 4 个参数代表欧拉转角。因此可以定义 $\boldsymbol{q}$ 为

$$
\boldsymbol{q} = [q_1, q_2, q_3, q_0]^{\mathrm{T}} = [\boldsymbol{q}_v, q_0]^{\mathrm{T}} \tag{1.10}
$$

此 4 个参数满足约束方程:

$$
q_1^2 + q_2^2 + q_3^2 + q_0^2 = 1 \tag{1.11}
$$

四元数不存在奇点问题,但没有直观的几何意义,因此往往与欧拉角配合使用。

4. 修正罗德里格斯参数

　　修正罗德里格斯参由四元数衍生定义,是一组包含 3 个元素的姿态参数,其与四元数的关系可以表示为

$$
\boldsymbol{\sigma} = \frac{\boldsymbol{q}}{1+q_0} \in \mathbb{R}^3 \tag{1.12}
$$

也可以用欧拉转轴和欧拉转角表示,即

$$
\boldsymbol{\sigma} = \frac{1}{1+\cos\dfrac{\Phi}{2}} e\sin\frac{\Phi}{2} = e\tan\frac{\Phi}{4} \in \mathbb{R}^3, \quad \Phi \in [0, 2\pi) \tag{1.13}
$$

其中 e 为转轴旋转矢量,Φ 为旋转角度。当 $\Phi < \pi$ 时,近似认为 $\boldsymbol{\sigma} = e\dfrac{\Phi}{4}$,这是一个很好的近似线性化性质。当 Φ 接近 2π 时,MRP 的值将变得很大,为了保持近似线性化关系,导出其伴

影概念。

伴影集的定义为

$$\boldsymbol{\sigma}^s = \frac{e\sin(\Phi'/2)}{1+\cos(\Phi'/2)} = \frac{e\sin(\Phi/2-\pi)}{1+\cos(\Phi/2-\pi)} = \frac{-\boldsymbol{\sigma}}{\sigma^2} \tag{1.14}$$

式中，$\Phi'=\Phi-2\pi, \sigma^2 = \parallel \boldsymbol{\sigma} \parallel^2$。

MRP 和它的伴影集描述的是同一姿态，奇点分别为 2π 和 0，两者的切换不会影响姿态描述。

若采用如下切换条件：当 MRP 的参数大于 $1(\parallel \boldsymbol{\sigma} \parallel > 1)$ 时，将 MRP 切换到伴影集，此时 $\parallel \boldsymbol{\sigma}^s \parallel < 1$；当 $\parallel \boldsymbol{\sigma} \parallel = 1$ 时，令 $\boldsymbol{\sigma}^s = -\boldsymbol{\sigma}$。这样所有姿态参数都位于以原点为圆心的单位球内（含表面），避免了奇点的出现，同时保持旋转角度的近似线性化。

修正罗德里格斯参数及其伴影集的几何意义可以基于图 1.9 分析。由四元数的约束关系可知，构成四元数集合的所有点都分布在一个由 β_0 和 $\beta_i (i=1,2,3)$ 构成的单位超平面上。根据修正罗德里格斯参数与四元数之间的关系可知，$\boldsymbol{\sigma}$ 相当于四元数 $(\beta_0, \boldsymbol{\beta}_i)$ 与 $(-1,0)$ 的连线在纵轴上的交点。而将四元数 $(\beta_0, \boldsymbol{\beta}_i)$ 与原点的连线反向延伸至超平面，其交点 $(-\beta_0, \boldsymbol{\beta}_i)$ 与 $(-1,0)$ 的连线在纵轴上的交点即为伴影集 σ^s。

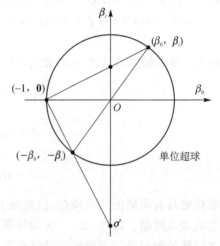

图 1.9　修正罗德里格斯参数和伴影集的几何意义

1.3.3　卫星姿态运动方程

卫星姿态运动方程包括卫星姿态动力学方程和运动学方程。卫星姿态动力学方程描述了卫星在外力矩和内力矩作用下的运动变化规律，而姿态运动学方程描述了卫星姿态参数随时间的变化规律。

姿态动力学和姿态控制系统有着极为密切的关系。姿态动力学提供被控对象的数学模型，直接影响控制系统的设计及其性能；而姿态控制系统在设计或飞行试验中发现的问题则成为姿态动力学发展的动力。卫星姿态动力学和星体结构也有密切的联系，卫星的力学特性（如惯量分布、挠性振型、液体燃料贮箱的尺寸和安装位置等）直接影响卫星姿态动力学的特性。

1. 动力学方程

令卫星星体转动惯量阵为 $\boldsymbol{I}$（含"冻结"状态的转动部件在内），$\boldsymbol{H}$ 为星上转动部件处于"冻结"状态下卫星本体的角动量，$\boldsymbol{\omega}_{bi}$ 为卫星本体系相对惯性系的角速度，则有 $\boldsymbol{H}=\boldsymbol{I\omega}_{bi}$。

定义 $\boldsymbol{h}$ 为星上转动部件相对于卫星本体的角动量，带动量装置卫星的姿态动力学方程一般式可写为

$$\boldsymbol{I\dot{\omega}}_{bi} + \boldsymbol{\omega}_{bi} \times (\boldsymbol{I\omega}_{bi} + \boldsymbol{h}) = -\dot{\boldsymbol{h}} + \boldsymbol{T}_c + \boldsymbol{T}_d \tag{1.15}$$

式中，$\boldsymbol{T}_c$ 为施加的控制力矩；$\boldsymbol{T}_d$ 为卫星所受到的各种外干扰力矩之和。

当卫星本体坐标系与卫星惯量主轴一致时，$\boldsymbol{I}$ 可以视为对角阵。$\boldsymbol{I} = \operatorname{diag}(I_x, I_y, I_z)$，将 $\boldsymbol{T}_c, \boldsymbol{T}_d, \boldsymbol{h}$ 写成分量形式，即 $\boldsymbol{T}_c = [T_{cx}, T_{cy}, T_{cz}]^T, \boldsymbol{T}_d = [T_{dx}, T_{dy}, T_{dz}]^T, \boldsymbol{h} = [h_x, h_y, h_z]^T$，则式(1.15)可以展开为

$$\left.\begin{aligned}
I_x \dot{\omega}_x - (I_y - I_z)\omega_y\omega_z &= -\dot{h}_x + h_y\omega_z - h_z\omega_y + T_{cx} + T_{dx} \\
I_y \dot{\omega}_y - (I_z - I_x)\omega_z\omega_x &= -\dot{h}_y + h_z\omega_x - h_x\omega_z + T_{cy} + T_{dy} \\
I_z \dot{\omega}_z - (I_x - I_y)\omega_x\omega_y &= -\dot{h}_z + h_x\omega_y - h_y\omega_x + T_{cz} + T_{dz}
\end{aligned}\right\} \tag{1.16}$$

式中，$\omega_x, \omega_y, \omega_z$ 为卫星本体系相对惯性系的角速度在三轴上的投影。

若在俯仰轴负向安装固定偏置动量轮的卫星，$\boldsymbol{h} = [0, h_y, 0]^T$，$h_y$ 为常值，则式(1.16)可以简化为

$$\left.\begin{aligned}
I_x \dot{\omega}_x - (I_y - I_z)\omega_y\omega_z &= h_y\omega_z + T_{cx} + T_{dx} \\
I_y \dot{\omega}_y - (I_z - I_x)\omega_z\omega_x &= T_{cy} + T_{dy} \\
I_z \dot{\omega}_z - (I_x - I_y)\omega_x\omega_y &= -h_y\omega_x + T_{cz} + T_{dz}
\end{aligned}\right\} \tag{1.17}$$

2. 运动学方程

(1) 欧拉角描述的姿态运动学方程

将惯性坐标系定为参考坐标系，按照 $z-y-x$ 的旋转顺序可以得到以欧拉角描述的姿态运动学方程，可以得到航天器相对参考坐标系的转速 $\boldsymbol{\omega}_b$ 在本体坐标系中的表示，即

$$\begin{aligned}
\boldsymbol{\omega}_b &= \begin{bmatrix} 1 & 0 & 0 \\ 0 & \cos\varphi & \sin\varphi \\ 0 & -\sin\varphi & \cos\varphi \end{bmatrix} \begin{bmatrix} \cos\theta & 0 & -\sin\theta \\ 0 & 1 & 0 \\ \sin\theta & 0 & \cos\theta \end{bmatrix} \begin{bmatrix} 0 \\ 0 \\ \dot{\psi} \end{bmatrix} + \begin{bmatrix} 1 & 0 & 0 \\ 0 & \cos\varphi & \sin\varphi \\ 0 & -\sin\varphi & \cos\varphi \end{bmatrix} \begin{bmatrix} 0 \\ \dot{\theta} \\ 0 \end{bmatrix} + \begin{bmatrix} \dot{\varphi} \\ 0 \\ 0 \end{bmatrix} \\
&= \begin{bmatrix} \dot{\varphi} - \dot{\psi}\sin\theta \\ \dot{\theta}\cos\varphi + \dot{\psi}\sin\varphi\cos\theta \\ -\dot{\theta}\sin\varphi + \dot{\psi}\cos\varphi\cos\theta \end{bmatrix}
\end{aligned} \tag{1.18}$$

进一步求解可以得到基于欧拉角变化规律的运动学方程，即

$$\begin{bmatrix} \dot{\varphi} \\ \dot{\theta} \\ \dot{\psi} \end{bmatrix} = \begin{bmatrix} \omega_{bx} + \tan\theta(\omega_{by}\sin\varphi + \omega_{bz}\cos\varphi) \\ \omega_{by}\cos\varphi - \omega_{bz}\sin\varphi \\ (\omega_{by}\sin\varphi + \omega_{bz}\cos\varphi)/\cos\theta \end{bmatrix} \tag{1.19}$$

式中，$\omega_{bx}, \omega_{by}, \omega_{bz}$ 为卫星航天器相对参考坐标系的转速 $\boldsymbol{\omega}_b$ 在本体坐标系三轴上的投影。

由式(1.19)可知，$\theta = 90°$ 时方程会出现奇异现象，所以基于欧拉角描述的运动学方程具有一定的局限性。

(2) 四元数描述的姿态运动学方程

为描述航天器在轨期间姿态的变化过程，需要建立航天器运动学方程。使用四元数表示的姿态运动学方程为线性形式，有效避免了三角函数运算，可以表示如下：

$$\boldsymbol{q} = [q_1, q_2, q_3, q_0]^T = [\boldsymbol{q}_v, q_0]^T \tag{1.20}$$

$$\dot{q}=\begin{bmatrix}\dot{q}_1\\\dot{q}_2\\\dot{q}_3\\\dot{q}_0\end{bmatrix}=\frac{1}{2}\begin{bmatrix}0&\omega_{bz}&-\omega_{by}&\omega_{bx}\\-\omega_{bz}&0&\omega_{bx}&-\omega_{by}\\\omega_{by}&-\omega_{bx}&0&\omega_{bz}\\-\omega_{bx}&-\omega_{by}&-\omega_{bz}&0\end{bmatrix}\cdot\begin{bmatrix}q_1\\q_2\\q_3\\q_0\end{bmatrix}\qquad(1.21)$$

式中,ω_{bx},ω_{by},ω_{bz} 为卫星航天器相对参考坐标系的转速 ω_b 在本体坐标系三轴上的投影。

采用四元数描述卫星姿态的方法具有计算简单、无奇异等优点。但是,四元数无几何意义,不便于直观理解。

1.4 卫星轨道与空间环境

1.4.1 卫星轨道

卫星在地球中心引力场中相对地球飞行的轨迹称为 Kepler 轨道[8]。由于卫星在空间环境中受到其他微小力的作用,使得真实轨道与 Kepler 轨道存在偏离。这些微小摄动力主要包括:由于地球非球形引起的摄动力,高层大气摄动力,太阳和月球引力摄动力,太阳辐射压力及卫星发动机施加的主动控制力。其轨道动力学模型可以表示为

$$\ddot{r}+\frac{\mu}{r^3}r=f\qquad(1.22)$$

式中,r 为从地心到卫星质心的矢量;$\mu=G(m_E+m_S)\approx Gm_E$ 为地球引力常数,G 为万有引力常数,m_E 和 m_S 分别为地球质量和卫星的质量;f 为作用在卫星上的摄动力。轨道摄动主要来源于地球扁率引起的 J_2 项摄动,所以可在轨道坐标系 F_o 中将摄动加速度表示为[9]

$$f_{12}=\left[-J_{2c}\frac{\sin2\varphi_c}{r^4}\cos\sigma,J_{2c}\frac{\sin2\varphi_c}{r^4}\sin\sigma,-J_{2c}\frac{3\sin^2\varphi_c-1}{r^4}\right]\qquad(1.23)$$

式中,$J_{2c}=1.5J_2R_E^2\mu$,J_2 为二阶带谐系数,R_E 为地球半径;φ_c 为地心纬度;σ 为卫星运动方向与当地经度方向的夹角。

1.4.2 空间环境力矩

卫星在空间运行时受到的环境力矩主要有太阳光压力矩 T_{ds}、剩磁干扰力矩 T_{dm}、重力梯度力矩 T_g 和气动力矩 T_{dp}。根据不同的条件,这些环境力矩对于卫星的稳定性与指向精度具有较大的影响,在姿态控制系统设计过程中,需要给予充分的考虑[18]。

1. 太阳光压力矩

当太阳光压力中心与卫星质心不重合时,会产生光压力矩。太阳光压力矩基本上与卫星的高度无关,而其他环境力矩随高度的变化很大,当卫星轨道高度大于 1 000 km 时,太阳光压力矩将成为主要的干扰力矩。

太阳辐射压力:

$$F_s=\frac{I_0}{c}\left[-(1+R)+\frac{2}{3}M\right]\cdot S\cdot k\qquad(1.24)$$

太阳光压力矩:

$$T_{ds} = L_s \times F_s \tag{1.25}$$

式中，I_0 为太阳辐射通量，取 1 395 W/m^2；c 为光速；R 为反射系数，取 0.24；M 为漫反射系数，取 0；S 为受光照面积；k 为辐射单位矢量；L_s 为太阳光压作用力臂矢量。

2. 剩磁干扰力矩

目前常用的地磁场模型为国际地磁参考场（international geomagnetic reference field，IGRF）和世界地磁场模型（world magnetic model，WMM），卫星可采用 9 阶 IGRF - 12 地磁场模型[19]，该模型使用球谐波函数表示地磁场势函数，即

$$V(r,\theta,\lambda,t) = R_E \sum_{n=1}^{n_{\max}} \left(\frac{R_E}{r}\right)^{n+1} \sum_{m=0}^{n} (g_n^m(t)\cos m\lambda + h_n^m(t)\sin m\lambda) P_n^m(\theta) \tag{1.26}$$

式中，R_E 为地球半径；r 为地心到卫星的距离；λ 为地心经度；$\theta = \frac{\pi}{2} - \delta$ 为地心余纬；δ 为地心纬度；g_n^m 和 h_n^m 为高斯系数；P_n^m 为缔合 Legendre 函数。由此可得地球坐标系中的地磁场强度 $B = \left[\frac{1}{r}\frac{\partial V}{\partial \theta}, -\frac{1}{r\sin\theta}\frac{\partial V}{\partial \lambda}, -\frac{\partial V}{\partial r}\right]$，该模型对卫星使用的磁强计和磁力矩器的正常工作十分重要。

剩磁干扰力矩是星上剩磁磁矩与地球磁场相互作用的结果，卫星剩磁磁矩来源于星上电子仪器产生的剩余磁场或来自主动磁控用的磁矩线圈。根据地磁球谐波模型得到当地地理球坐标系下的地磁矢量，经过坐标转换可以得到卫星本体坐标系下的地磁矢量，剩磁干扰力矩为

$$T_{dm} = M_m \times B_b \tag{1.27}$$

式中，M_m 为卫星的剩磁磁矩矢量；B_b 为卫星本体坐标系下的地磁矢量。

3. 重力梯度力矩

重力梯度力矩是由于地球对星体各部分引力不同所产生的，引力的合力并不通过质心，从而产生重力梯度力矩。重力梯度力矩理论计算表达式为

$$T_g = 3\omega_0^2 r_c \times (I \cdot r_c) \tag{1.28}$$

式中，r_c 为地心与卫星质心连线方向的单位矢量。

r_c 在卫星本体坐标系下可表示为 $A_{bo} = [0,0,-1]^T$，即 $r_c = [A_{xz}, A_{yz}, A_{zz}]^T$，其中 A_{bo} 表示轨道坐标系到卫星本体坐标系的转换矩阵，A_{xz}, A_{yz}, A_{zz} 为 A_{bo} 矩阵中对应的元素，故由式(1.28)可以得到 T_g 在卫星本体坐标系下各分量(T_{gx}, T_{gy}, T_{gz})的计算式，即

$$\left.\begin{array}{l} T_{gx} = 3\omega_0^2 (I_z - I_y) A_{yz} A_{zz} \\ T_{gy} = 3\omega_0^2 (I_x - I_z) A_{xz} A_{zz} \\ T_{gz} = 3\omega_0^2 (I_y - I_x) A_{xz} A_{yz} \end{array}\right\} \tag{1.29}$$

从卫星设计的角度，处理重力梯度力矩有两种：一种方式是将其视为扰动力矩，通过卫星构形设计或姿态控制系统克服此力矩的影响；另一种方式是将其视为有用力矩，由卫星的构形使重力梯度力矩成为稳定姿态的恢复力矩，实现卫星姿态的被动稳定，利用伸展重力梯度杆获得重力梯度力矩是小卫星的典型构型。

4. 气动力矩

气动力矩是由高层大气分子撞击卫星表面而产生的，气动力将随着轨道高度而减小。对于飞行高度在 500 km 以下的卫星，气动力矩是主要干扰力矩项。

气动力矩的计算如下：

气动阻力：
$$\boldsymbol{F}_{\mathrm{p}} = -\frac{1}{2}C_{\mathrm{p}} \cdot \rho V^2 \cdot S \cdot \boldsymbol{n} \tag{1.30}$$

气动力矩：
$$\boldsymbol{T}_{\mathrm{dp}} = \boldsymbol{L}_{\mathrm{p}} \times \boldsymbol{F}_{\mathrm{p}} \tag{1.31}$$

式中，C_{p} 为气动阻力系数；V 为星体相对于大气的速度；S 为星体迎流面面积；ρ 为卫星所在高度的平均大气密度；$\boldsymbol{n}$ 为 S 的法线矢量；$\boldsymbol{L}_{\mathrm{p}}$ 为气动力作用力臂矢量。

第 2 章　卫星星务系统设计

卫星星务系统采用计算机网络技术将星载电子设备互连,利用星务系统软件实现卫星内部的信息处理和传输。卫星星务系统的设计可概括为硬件设计和软件设计两部分,其中硬件设计主要为星载计算机设计,软件设计涉及到各功能模块的设计和操作系统的选择。良好的设计能确保卫星在轨稳定运行,完成既定任务,满足用户需求。反之,设计缺陷可能导致卫星任务失败、数据异常或运营成本上升等问题。

2.1　卫星星务系统硬件设计

2.1.1　功能与设计特点

将小卫星的遥测、遥控、程控、时统、设备运行、任务调度、自主控制等多项事务管理集成于统一的系统之中,形成一个新型的小卫星的重要分系统,简称为星务系统。它是保证卫星完成飞行任务的主要服务系统之一[10]。

卫星星务系统的主要功能如下:
① 遥测数据采集、存储、处理、格式化及下传;
② 遥控指令及遥操作数据接收、处理、分发和执行;
③ 程控指令存储、处理、判断和启动;
④ 热控下位机管理及参数设置;
⑤ 下位机过程控制的设定值管理和工作模式管理;
⑥ 星上时间管理,产生高精度时间并完成整星校时;
⑦ 自主运行模式管理,在故障情况下重构系统;
⑧ 星上总线网络的通信管理;
⑨ 整星在轨异常的安全管理;
⑩ 为姿态控制下位机等设备提供重要数据的异地保存功能;
⑪ 软件在轨维护和在轨功能修改管理。
卫星星务系统具有如下典型的设计特点:
① 在结构层面,星务系统通常为模块化结构,其硬件和软件均采用开放式的系统结构。
② 在数据传输方面,卫星星务系统经数据总线用于实现总线各终端(中央单元,远端等)间的数据传输。
③ 在软件使用方面,卫星星务系统的软件多采用实时多任务操作系统所支持的多进程软件。
④ 在管理要求方面,卫星星务系统对航天器的管理和控制处理要求与对有效载荷数据处理的要求分离。
⑤ 在系统测试方面,由综合性的系统来支持部件、软件、分系统直到航天器系统级的测试。

2.1.2　星载计算机设计

1. 硬件架构

星载计算机是卫星星务系统的核心组成部分,是卫星的运控大脑、中枢神经。其硬件架构可以分成两类,分别是"母板＋模块"架构和"堆栈式"架构。

(1)"母板＋模块"架构

如图 2.1 所示,"母板＋模块"架构的母板上布有卫星星务系统各功能模块所需的通信插座或卡槽,母板将各功能模块间相应信号进行连接。

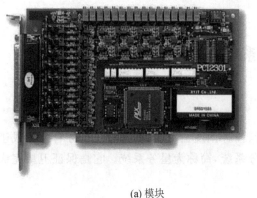
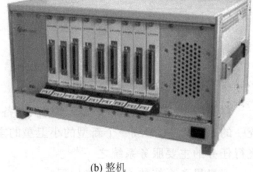

(a) 模块　　　　　　　　　　　　　　　　　(b) 整机

图 2.1　"母板＋模块"架构示意图

(2)"堆栈式"架构

如图 2.2 所示,"堆栈式"架构的卫星星务系统在各功能模块上布局一个堆叠式接插件,各块的间接插件可顺次插接,排列成一个整体,接插件上每个芯针在各模块间相互导通。目前广泛应用的 PC/104 就是采用这种"堆栈式"架构,PC/104 是指一些相似的、特殊的可堆叠在一起的总线连接器,它们总共有 104 根插针,这种系统能够被一些特殊的工具编程,使用这种集成化的 PC 系统能够大大缩减开发商的费用和时间。

"堆栈式"架构有许多"母板＋模块"架构所不具备的优点,比如"堆栈式"架构取消了母板和插槽,可以将所有的 PC/104 模块板利用板上的叠装总线插座将其连接起来,从而有效减小了整个系统所占的空间。另外,一个单独的 PC/104 模块可以作为一个独立的系统去调试,"堆栈式"插接件连接方便(见图 2.3),不受母板的限制。

2. 接口设计

卫星星务系统接口是指在卫星星务管理系统中,允许不同系统或组件之间进行数据交换和指令传递的接口[11]。这些接口支持卫星的状态监控、遥控遥测、数据处理和通信等功能,确保系统的有效管理和控制。

在设计卫星星务系统接口时,必须遵循一系列关键原则,以确保系统的高效和稳定。接口设计应支持模块化和解耦,以便各组件独立运行并减少相互依赖。接口的兼容性和标准化同样重要,应遵循国际标准和行业规范,且使用标准通信协议和数据格式。为了提高可靠性和容错能力,接口设计须包含冗余路径和故障恢复机制,同时为了保证数据的安全性,须采用加密

(a) 模块　　　　　　　　　　　　　(b) 整机

图 2.2　"堆栈式"架构示意图

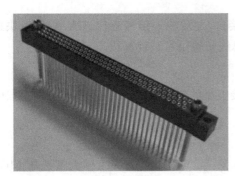

图 2.3　"堆栈式"插接

技术和访问控制来保护数据。实时性和性能也是设计的重点,接口应优化响应时间和处理速度,满足实时数据传输的需求。此外,接口设计应具备扩展性和灵活性,以支持未来功能的增加和系统的升级。易于维护和管理的设计同样关键,提供清晰的文档和监控工具可以简化故障排查。而且要确保数据的一致性和完整性,通过事务机制和数据验证来避免数据丢失或错误。接口应符合相关法规和行业标准,确保系统的合规性。下面介绍几种卫星星载计算机上常设的电接口。

(1) CAN 总线接口

CAN 总线物理层的形式主要有两种,分别是闭环总线网络(ISO 11898)和开环总线网络(ISO 11519 - 2)[12]。星上应用的 CAN 总线通信网络是一种遵循 1SO 11898 标准的高速、短距离闭环网络,其总线最大长度为 40 m,通信速度最高为 1 Mbps。

(2) RS485 总线接口

星载计算机上通常设计有 RS485 接口,实现与其他部件的通信功能。RS485 的数据最高传输速率为 10 Mbps,最大的通信距离约为 1 200 m。

(3) RS422 总线接口

星载计算机上也通常设计有 RS422 接口,用于遥控、遥测以及与其他部件的通信。RS422

默认码速率为 115 200 bps,其为差模传输,抗干扰能力强。

(4) LVDS 接口

星载计算机内的 LVDS 接口主要实现星载计算机与数据处理机、星上载荷之间的通信。星载计算机 LVDS 接口电路主要实现 LVDS 信号的发送,将星载计算机小固存的遥测数据转换成差分 LVDS 信号并发送给数传通道最终下传到地面,或者通过 LVDS 接口实现载荷数据及程序的在轨更新。

(5) OC 指令接口

星载计算机内的 OC 指令接口用于实现多种配电接口的导通及断开,其可输出脉宽,也可输出高、低电平,具体输出由软件指令区分[13]。OC 指令接口特性如下:

➤ 命令线电压:导通时≤1.5 V,截止时≤30 V;
➤ 吸收电流能力:单路不低于 200 mA;
➤ 指令脉冲宽度:160±10 ms。

(6) 遥测量采集接口

模拟量、温度量和状态量等输入到遥测量采集接口,之后输入信号直接进入 A/D 模块进行转换,AD 模块采集转换后的数据,并通过 CAN 总线传输给星载计算机。

(7) 测温接口

星载计算机上往往设有测温接口,主要用来连接卫星的测温模块,实现卫星部分测温点的温度测量。

(8) 组件供电接口

星务系统要单独供电的部组件电压一般包含 5 V、12 V 和 28 V,部组件大多选用 MOS 管,对有大功率需求的配电接口可选用继电器。为保护整星供电安全,须在电源端加入熔断型保护措施。

3. 处理器选择

星载计算机是卫星星务系统的核心部件,以处理器最小系统为中心,扩展外围接口。其主要完成整星的控制、信息处理、遥测遥控数据的处理等功能。

星载计算机通常采用二级冗余 CAN 总线用于卫星星务系统内总线的互联通信。为保证姿态控制系统部组件控制的实时性,并减少对外电缆网数量,目前通常利用星载计算机直接处理姿态控制系统部组件的信息,即替代姿态控制计算机的功能。商业航天中星载计算机处理器多采用 Microsemi 公司的 FPGA SOC 芯片 SmartFusion2 系列。

SmartFusion2 被广泛应用于军工和航空领域,欧洲空中客车公司 A380 大型客机上采用了大量 SmartFusion2(每架超过 1000 只)。SmartFusion2 的锁定阈值官方数据为 22 MeV·mg^{-1}·cm^{-2},片内集成了 166 MHz 的 ARM Cortex - M3 硬核处理器,且在 SRAM、PLL 等普通外设的基础上集成了高速乘法器、DDR2/3、CAN、USB 以及千兆以太网等高级外设[14-16],能够满足大部分卫星使用的需求。

2.2　卫星星务系统软件设计

2.2.1　软件框架设计

1. 设计需求

（1）功能要求

卫星星务系统软件的主要功能可概括如下：

① 通过模拟量采集，获取卫星的模拟量遥测；

② 采用 CAN 总线或者 422 总线用于实现星务计算机与各个单机的工程遥测数据获取、遥控指令的发送；

③ 采用 RS422 异步串行通信接口（地面测试接口）接收上行遥控指令、发送下行遥测数据，实现与地面测控计算机的通信；

④ 采用 RS422 异步串行通信接口接收上行遥控指令、发送下行遥测数据，实现与测控数传一体机的上下行通信；

⑤ 采用 RS422 异步串行通信接口接收上行代码数据包；

⑥ 采用 GNSS 授时、地面上注时间等方式实现卫星时间的校准，并可实现内部星时的守时；

⑦ 监视卫星各个分系统以及单机的运行状态，并实现单机故障的自主处理；

⑧ 监视卫星能源状态，在发生能源危机时执行相关动作；

⑨ 依据卫星飞行流程，实现卫星自主控制以及载荷任务的执行。

星务系统软件的具体功能需求如表 2.1 所列。

表 2.1　软件功能需求

序　号	名　称	描　述	序　号	名　称	描　述
1	遥控功能	上行遥控指令接收； 上行遥控指令解析； 上行遥控指令处理	5	星时管理功能	具备星时校准功能；可以通过地面集中授时、地面集中校时、GPS 授时对星上时间进行校准； 具备守时功能
2	遥测功能	遥测数据获取； 遥测数据组帧； 遥测数据下传	6	数传功能	星载计算机将载荷数据和延时遥测数据传输至测控数传一体机，并通过数传通道下传
3	能源管理功能	监视卫星能源状态； 依据能源状态对整星实施控制	7	卫星飞行流程管理功能	管理卫星入轨阶段的卫星平台状态控制； 管理卫星在轨测试阶段的卫星平台状态控制； 管理卫星长期运行阶段的卫星平台状态控制

序 号	名 称	描 述	序 号	名 称	描 述
4	设备管理功能	按照卫星飞行任务实现星上单机设备配电；监视星上设备工作状态；对设备异常情况实施自主管理以确保星上设备工作正常	8	其他	重要数据保存以及恢复；包括星载计算机本身重要数据的保存及恢复；姿态控制计算机和电源下位机相关重要数据的保存及恢复

（2）可靠性和安全性要求

为保证卫星星务系统软件的可靠性，在实际工程中通常采取以下措施：

① 采用结构化方法进行软件需求分析和设计；

② 对重要参数采取 3 取 2 比对，对数据进行检错、纠错；

③ 软件中每个任务或函数执行时应检查执行条件和数据的合法性；

④ 在程序空白区设置软件陷阱，使程序跳转到初始地址，提高软件在异常跑飞情况下的自恢复能力；

⑤ 软件对接收指令的数据格式、有效性进行全面的检查，检查不通过则放弃执行指令；

⑥ 除考虑正常情况下的程序流外，还必须考虑在各种非正常情况下的对策，提高程序运行的稳定性；

⑦ 软件应配合硬件"看门狗"设计，完成对程序运行中各种异常状态的监视和纠正。

为保证卫星星务系统软件的安全性，在实际工程中可采取以下措施：

① 对测控、数传指令传送帧的正确性进行严格的检查，任意一部分有误，则放弃执行指令；

② 使用"看门狗"运行监测，着重对总线通信的故障状态进行监测。

（3）编程要求

① 采用结构化的程序设计方法。在结构化的程序设计中，只允许三种基本的程序结构形式，分别是顺序结构、分支结构（包括多分支结构）和循环结构，这三种基本结构的共同特点是只允许有一个流动入口和一个出口，从而提高程序的可读性和易维护性；

② 必须以显意的符号来命名变量和语句标号，并尽量避免采用易混淆的标识符来表示不同的变量、文件名和语句标号；

③ 为提高程序可读性，在源程序中必须有足够详细的注释，且注释应为功能性的，而非指令的逐句说明，通常要求程序注释不得少于程序总行数的 1/5。

2. 框架设计

由于体积和重量的限制，卫星星务系统的硬件要求越来越简化，而软件比重越来越大。星载计算机软件接口的开发为卫星星务系统软件提供了一个必要的平台，而各层软件接口是实现软件功能的必要前提。卫星大部分时间为在轨自主飞行，因此卫星长期在轨运行必须实现星上自主管理，软件必须具备自主性和可靠性。如图 2.4 所示，卫星星务系统软件一般可划分为设备驱动程序层、实时操作系统内核、基本服务层和用户软件层[17]。

（1）设备驱动程序层

设备驱动程序层是连接硬件平台和操作系统的软件接口，为操作系统在硬件平台上的移

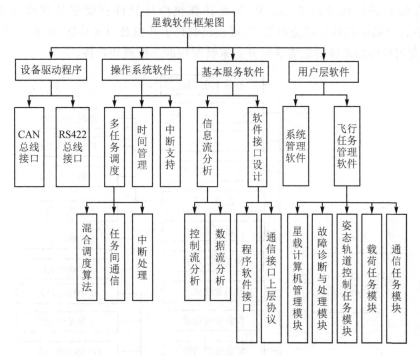

图 2.4 星务系统软件框架

植提供了软件支持。卫星各分系统间的通信一般基于 CAN/RS422 等网络,因此设备驱动程序层通常包含 CAN 总线驱动、RS422 总线驱动。根据星载计算机上所设置的不同接口,设备驱动程序层还可能包括 RS485 总线驱动、TTL 驱动、OC 指令驱动等。为提高星载计算机的执行效率,同时降低其功耗,避免 CPU 资源占用现象严重,星载计算机各类总线均采用中断的方式接收。

(2)实时操作系统内核

实时操作系统可实施用户层软件调度,并提供系统调用。其主要功能包括系统运行管理、存储管理、设备管理、时间管理以及中断支持等,利用其内核机制实现用户层软件的飞行任务管理和系统管理功能。

(3)基本服务层

基本服务层主要实现监控、数据传输、文件传输和命令处理等功能。此层可以屏蔽操作系统内核机制,进行"模块化"设计,方便用户层软件在实时操作系统上的开发和移植。

(4)用户软件层

用户软件层指与具体飞行任务相关的软件以及系统管理软件。

2.2.2 软件功能模块设计

卫星星务系统软件是卫星电子系统的核心,负责卫星的任务调度和综合信息处理。卫星星务系统软件需要对星上各任务模块的运行进行高效可靠的管理和控制,监视整星状态、协调整星工作、对整星进行姿态和轨道的控制。

卫星星务系统软件主要由星载计算机引导软件和星载计算机应用软件组成。星载计算机引导软件存储在计算机片内 Flash 中,星载计算机应用软件存储于计算机外部 Norflash 中[18]。星载计算机引导软件功能包括:完成应用软件上注以及引导功能,其主要功能如图 2.5 所示,根据应用软件的总体功能需求可分别编制对应的功能模块软件。

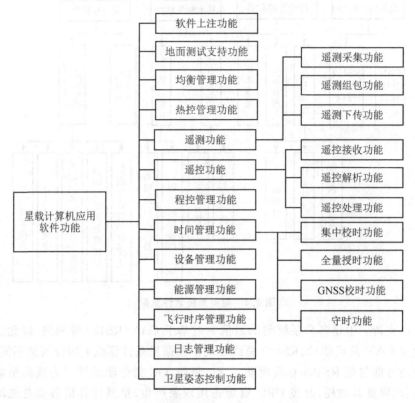

图 2.5　星载计算机应用软件功能

（1）遥测模块

　　为了完备的显示及监测整星工作状态,星载计算机自主完成对卫星各个单机状态的遥测采集、组包以及下传,具体功能如下:

　　① 完成星上遥测数据的采集。星载计算机所需采集的遥测信息包括 GNSS 遥测信息、姿轨控信息、姿态控制各个部组件的遥测数据、测控数传遥测信息、载荷模块遥测参数、星上各模块或部组件的供电信息。

　　② 对遥测数据进行转换和存储。为减小存储空间以及缩短下传时间,星载计算机需对采集的遥测数据进行转换。

　　③ 对遥测数据按照 CCSDS 体制打包,满足传输和地面解析的要求。

　　④ 利用测控和数传两种测控通道下传遥测数据。具体传输通道可通过地面指令选择,且支持实时遥测和延时遥测两种模式。

　　（2）遥控模块

　　为实现在地面对卫星的状态控制,卫星需要具备遥控管理功能。遥控功能包括接收、解析、执行来自地面的遥控指令,其中指令类型包括直接指令、间接指令和程控指令三种。遥控指令由测控数传系统传递,地面可查询指令执行情况。

① 直接指令:直接指令是指不经过卫星星务系统软件解释执行的指令。卫星的直接指令包括星载计算机及外围设备的加电、断电指令等。

② 间接指令:间接指令由卫星星务系统软件解析并执行,卫星星务系统软件对接收到的间接指令进行校验,校验通过后方可执行,且指令执行后将执行确认信息发回地面。星上提供间接指令接收计数,供地面判断指令发送情况。

③ 程控指令:程控指令是指指令中包含时间信息,卫星由星务系统软件根据指令中的时间信息定时执行的指令。通常多条程控指令构成一个程控列表,星上程控指令容量不少于100 条。为了确保程控指令的可靠性,采用三模冗余的存储方式,使用时进行 3 取 2 比对。地面可通过遥控指令查询星上程控指令列表以及程控指令执行情况;

④ 指令执行记录:星上所有指令执行均要记入日志,并可下传供地面分析。

（3）设备管理模块

卫星星务系统软件需完成对星上设备的开关机控制,监测星上设备状态,并对异常情况进行处理。星上设备包括磁强计、动量轮、GNSS 接收机、测控数传的发射机、磁力矩器、太阳敏感器、恒星敏感器及各类有效载荷。设备管理模块的主要功能如下:

① 对上述单机设备的通信状态检测,通信异常时执行切机或者重启操作;

② 对姿态控制系统部组件数据进行检测,监视到数据异常时执行部组件的切机或者重启操作。

（4）能源管理模块

卫星星务系统软件可通过监测整星母线及蓄电池组的电压状态,对星上能源作出判断,并依据能源状态执行对应的操作。能源状态大致分为以下三个模式:

① 载荷工作模式:能源充足,可支持有效载荷在轨工作;

② 平台工作模式:能源维持在卫星平台正常工作范围,但是不支持载荷工作;

③ 最小系统模式:能源仅满足卫星平台部分功能,此时测控发射机无法正常开启,且有效载荷无法工作。

（5）时钟管理模块

星上时钟主要用于轨道外推和程控指令的执行。目前,星上时钟主要通过 GPS 校时(GPS 秒脉冲校时、GPS 总线校时)、地面指令校时(包括全量授时、相对校时)和星务守时等实现。

① 全量授时:可以根据 GNSS 信号、地面遥控指令对星上时钟进行授时;

② 相对校时:根据星地时间差、GNSS 时钟与星务时钟差,对星上时钟进行校正。

由于星上时钟在星载计算机掉电时会停止工作,而星载计算机往往是双机冷备工作(卫星上装有星载计算机主机和备机,正常情况下主机开启、备机关闭,此时备机称之为冷备份),因此如果发生由主机切换成备机的情况,将会造成时间的不连续。而轨道外推需要使用星上时间,如果星上时间出现较大偏差,将导致无法正常进行姿态和轨道控制。因此,可将星上时间保存在非易失存储器或其他单机中,以保证星载计算机切机后星上时间的连续性。

（6）程控管理模块

为方便卫星的在轨工作,星载计算机须具备程控管理功能。程控管理是指星载计算机周期查询程控指令,在到达程控指令对应时间点时执行相关操作。程控管理模块须具备以下特性：

① 星上对地面发送的上行程控数据块，须按照程控指令执行时间的先后顺序进行排序；

② 星上至少支持 100 条程控指令缓冲区；

③ 地面可以按照程控指令执行时间区间对程控的缓冲区进行覆盖清空。

（7）飞行时序管理模块

飞行时序管理模块的主要功能包括重要单机加/断电控制、帆板展开控制、遥测下行控制以及载荷工作控制。

（8）软件上注模块

为在轨修改卫星星务系统软件，要求卫星星务系统软件能够完成在轨程序上注。上注软件可以写入片内或片外 FLASH，以替换原有软件。软件上注模块需具备以下功能：

① 由于单轨测控弧段有限，软件上注模块需要支持断点续传；

② 星上可对上注的软件代码进行校验，地面可查询校验结果；

③ 星上可对 FLASH 写入的结果进行校验，地面可查询校验结果。

（9）地面测试支持模块

通过 CAN 总线和 RS422 地面测试串口建立有线测控通道，用于卫星的地面测试。地面测试支持模块须具备如下功能：

① 可执行所有的测控操作；

② 地面测试任务在卫星加电时启动，卫星分离后自动关闭；

③ 地面测试任务的启停可通过遥控指令控制。

（10）日志模块

卫星星务系统软件需记录系统发生的重要事件，所需开发设计的日志模块应包含以下功能：

① 日志保存在 MRAM（磁性随机存储器）中；

② 日志可通过地面站传至地面，供地面分析；

③ 日志数据量可查询。

（11）姿态控制模块

姿态控制模块负责获取卫星当前姿态并施加控制力矩，从而稳定、保持卫星当前姿态或控制卫星姿态从当前姿态过渡到另一个姿态。姿态控制模块包括卫星的姿态确定和姿态控制等内容，这些内容将在第 3 章详细阐述和解释。

2.2.3 操作系统特点

在选择好硬件开发平台之后，需要对实时操作系统进行筛选，操作系统的选择会直接影响到卫星星务系统软件功能实现、研制周期和研制成本等因素。微小卫星操作系统的选择主要考虑以下几个原则[19]：

（1）可靠性高

卫星在太空环境工作，只能进行远程控制，不方便进行调试，所以必须保证星载计算机操作系统的可靠性。

（2）实时性好

卫星在太空环境里需要由姿态控制系统进行姿态稳定，以完成特定功能，而姿态控制系统对于实时性具有相当高的要求。在现代小卫星的设计中，姿态控制系统往往和星务系统进行统一的设计，因此星载计算机系统需要具有良好的实时性。

（3）功能强大

由于微纳卫星系统资源有限，特别是硬件系统资源有限，因此在简化硬件系统设计的同时，要求增强星务软件系统的功能，这包括系统软件和应用程序。因此，如何选择嵌入式操作系统也成为一个关键问题。

（4）功耗低

除了某些具有特定功能的小卫星（主要是皮星）只靠蓄电池提供能源之外，现代小卫星基本都依靠帆板和电池联合供电。而微纳卫星由于体积小，帆板面积有限，因此对于卫星各分系统能源的分配很苛刻，而星务系统需进行日常的任务调度和管理，降低其功耗对于整星的设计将会非常有利。

（5）开发简单

前面提到微纳卫星的一个特点是研制周期短，这就要求星务系统的开发要相对容易，并且具有可继承性。因此，嵌入式操作系统和软件工具，包括仿真器等开发工具都要作为考虑因素。

（6）成本低

微纳卫星的另一个特点是成本低，这与其设计和应用理念有关。在满足上面提到几个因素的基础上，应该要尽可能在嵌入式硬件和软件的选择上考虑成本问题。

星载计算机是一个嵌入式系统，适合于要求实时性和多任务的体系，应选用高效、高可靠的嵌入式操作系统内核。目前常用的操作系统有 μC/OS-II、Linux、Windows Embedded、VxWorks、Intewell 等，其中 μC/OS-II 配备有高效的微内核，对于对软件体积要求苛刻的微纳卫星来说是很好的选择，μC/OS-II 配备被多数微纳卫星广泛在轨应用。

第3章 卫星姿态控制系统设计

姿态控制系统作为卫星的核心系统,对其设计和实现具有重要的意义。本章结合"北航亚太一号"卫星工程实例,重点介绍卫星姿态控制系统的方案设计和软件设计。方案设计涵盖任务分析及指标约束、框架设计及硬件配置和姿态控制策略设计等内容,完整地阐述了该方案设计的具体过程。姿态控制系统软件存储于姿态控制计算机中,与姿态控制硬件协同工作,本章对姿态控制系统软件设计进行了详细的描述(特别是应用软件的设计和分析),并介绍了基于MATLAB-GUI界面的姿态控制器设计与数值仿真实验,根据其仿真结果可评价姿态控制系统性能。

3.1 "北航亚太一号"卫星简介

3.1.1 亚太空间合作组织"大学生小卫星"项目

微小卫星具有重量轻、体积小、发射方式灵活、研制周期短、成本低等优势,其受到越来越广泛地关注,这类卫星发射数量近年快速增加[20]。亚太空间合作组织的"大学生小卫星"(student small satellite,SSS)项目是由亚太空间合作组织(Asian-Pacific Space Cooperation Organization,APSCO)发起的,旨在提升各成员卫星研发与应用能力及空间技术教育水平,也是中国国家航天局"一带一路"国际化空间发展战略中的重点项目,被列入《2016 中国的航天》白皮书。

该项目由一颗 30 kg 的微小卫星(SSS-1)和两颗 3U 立方星(SSS-2A/2B)组成,共同完成包括新型展开机构的在轨展开、对地成像、星间通信等多项技术验证任务,三颗卫星在轨运行状态如图 3.1 所示。该项目由北京航空航天大学(以下简称"北航")作为牵头大学并联合国内外成员国大学团队实施研发,北航同时负责微小卫星 SSS-1(简称"北航亚太一号"卫星)的总体设计和卫星姿态控制系统的研制,"北航亚太一号"卫星的三维模型与实物如图 3.2 所示。SSS 项目卫星已于 2021 年 10 月 14 日成功发射,它开创了中外大学开展小卫星国际合作研发的先例。

图 3.1 SSS 三星编队示意图

(a) 卫星三维模型   (b) 卫星实物

图 3.2 "北航亚太一号"卫星

3.1.2 "北航亚太一号"卫星

1. 平台组成及功能

"北航亚太一号"卫星主要包括 7 个分系统,分别是结构分系统、热控分系统、姿态控制分系统、星务分系统、电源分系统、测控分系统和有效载荷分系统。以上系统除完成特定的功能外,可通过整星的机械接口和电缆网实现互相连接,形成一个有机的整体,完成卫星载荷任务。其中,前 6 个分系统构成了卫星平台,实现结构支撑、温度控制、姿态指向、时序管理、能源供给、测控通信、载荷数据传输等功能,为"北航亚太一号"卫星有效载荷完成既定任务提供保障。"北航亚太一号"卫星的平台指标如表 3.1 所列。

表 3.1 "北航亚太一号"卫星平台指标

序 号	项 目		系统指标要求
1	卫星包络尺寸		≤350 mm×350 mm×650 mm
2	卫星平台质量(含载荷)		≤30 kg
3	功耗(含载荷)		≤50 W
4	卫星寿命		设计寿命 1 年
5	卫星数据存储能力		1 Gb
6	能源系统	太阳电池阵	长期运行期间实现单圈平衡
		蓄电池	卫星正常运行≥3 h 最小系统模式运行≥24 h
7	姿态控制系统	定轨精度	500 m(3σ)
		姿态精度	姿态确定精度:≤0.1°(3σ) 对地指向精度:≤0.2°(3σ) 姿态角稳定度:三轴≤0.01(°)·s^{-1}(3σ) 机动能力:30(°)/120 s

续表 3.1

序　号	项　目		系统指标要求
8	测控数传	VHF 频段上行	工作频段:144～146 MHz
			码速率:1 200 bps
			误码率:1×10^{-6}
		UHF 频段下行	工作频段:435～438 MHz
			码速率:9 600 bps
			误码率:1×10^{-5}
		S 波段数传	工作频率:2 400～2 450 MHz
			码速率:100 kbps
			误码率:1×10^{-6}

（1）结构分系统

卫星结构分系统是承载卫星有效载荷及其他分系统的骨架,具有提供整星构型和安装空间以及保护星内设备的作用[21-22]。图 3.3 所示的"北航亚太一号"卫星采用框架箱板式结构,其安装板与承力板一体化设计,最大化地提高了材料利用率。$\pm X$、$\pm Y$ 以及 $\pm Z$ 面的 6 个基板决定了整星的外部构型,4 根 L 型角梁和 3 个横向安装板分布在星体内部,对整星刚度进行加强。在详细设计过程中引入了结构优化方法,从而减轻了结构重量。

（2）热控分系统

热控分系统的任务是通过主动控制和被动控制相结合的方法,控制星上温度使其在要求的范围内,保障星载设备正常工作[23]。"北航亚太一号"卫星采用被动为主、主动为辅的热控制策略。多层隔热材料(MLI)包覆在星体的外表面(除散热面),将卫星在轨运行中外热流变化对星内的温度减少到最低。图 3.4 所示为卫星顶面 MLI 包覆情况,星体内部部组件表面进行发黑处理,增强辐射热交换,尽可能保证星内设备温度的均匀性。同时,针对蓄电池、空间相机等对温度敏感的关键器件,采用电加热主动热控设计,保证其温度需求。

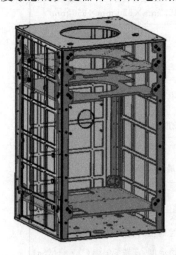

图 3.3　"北航亚太一号"卫星结构分系统

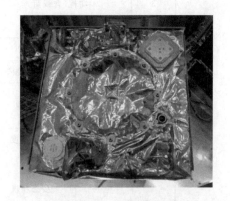

图 3.4　"北航亚太一号"卫星顶部 MLI 包覆

（3）姿态控制分系统

姿态控制分系统由敏感器、控制器和执行机构组成,其基本任务是利用和融合敏感器信息以确定卫星姿态,根据控制目标,利用执行机构实现姿态控制,从而保障卫星的指向要求,并配合载荷完成任务。图3.5所示的"北航亚太一号"卫星的姿态敏感器主要包括太阳敏感器、磁强计和陀螺,执行机构包括动量轮和磁力矩器。"北航亚太一号"卫星在轨运行过程中,其姿态控制分系统主要分为三种工作模式:太阳捕获模式、对日定向模式和对地定向模式。

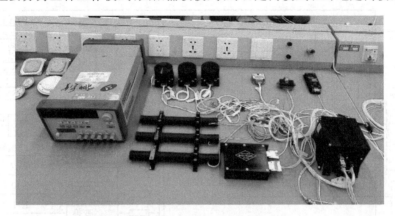

图 3.5 "北航亚太一号"卫星姿态控制分系统

（4）星务分系统

星务分系统包括星载计算机及其软件,用于实现与各分系统间的信息交换和处理,完成星时管理、设备管理、飞行时序管理以及故障识别等功能。"北航亚太一号"卫星星载计算机(见图3.6)包括主机和备机,为双机冗余结构。两台单机电路完全相同,同一时间只用一台计算机工作。计算机上配备CPU软件及FPGA软件,CPU软件将平台的对外接口进行统一定义,并在此基础上进行二次开发以形成应用软件;FPGA软件则用来实现CPU工作状态的检测、时钟管理以及遥测数据下传等功能。

图 3.6 "北航亚太一号"卫星星载计算机

（5）电源分系统

电源分系统是卫星产生、储存、调节、变换以及分配电能的系统,其主要任务是向卫星提供其各个飞行阶段所需要的能源,以保证卫星平台与有效载荷的正常工作[24]。"北航亚太一号"卫星的电源分系统包括太阳能电池阵、蓄电池组以及能源控制器三部分(见图3.7)。太阳能电池阵采用体装式三结砷化镓电池片,通过光电转换将太阳能转换为电能。蓄电池组选用18650电池,可进行能量存储,当卫星进入阴影区或者太阳电池阵提供的功率不足时,该电池可为系统供电;能源控制器是卫星能源调节与控制设备,可对电池阵工作状态进行控制、蓄电池充放电管理、二次电源变换以及功率分配等功能。

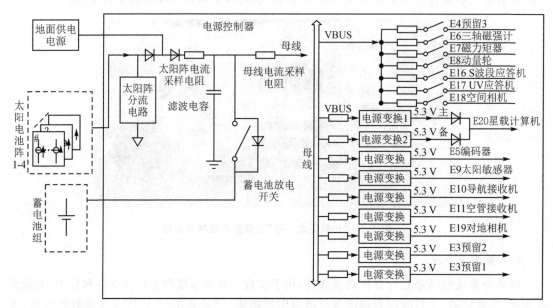

图 3.7 "北航亚太一号"卫星电源分系统

(6) 测控分系统

测控分系统是卫星与地面间通信的系统,主要用于实现卫星遥测信息的下传、地面遥控指令接收以及有效载荷数据下传等功能[25]。"北航亚太一号"卫星的测控分系统由 UV 应答机、S 数传机、UHF 天线、VHF 天线以及 S 天线组成(见图3.8)。UV 应答机承担遥测遥控功能,其中 VHF 频段用于上行遥控指令,UHF 频段用于下行遥测数据;S 波段数传机通信频率较高,有着更好的数据传输效率,用来传输星上有效载荷的大量数据。UHF/VHF 波段以及 S 波段的数据发送与接收均由相应的天线来实现。

2. 有效载荷及功能

"北航亚太一号"卫星共配置 6 个有效载荷,分别为盘绕式伸展臂、空间相机、对地遥感相机、ADS-B 空管接收机、星间通信设备和电推进器离轨装置。其中,盘绕式伸展臂具有大柔性、高展开收拢比的特点,是国内首个在轨验证的被动式盘绕展开机构;电推进装置具有高比冲、变推力和集成化的特点,是国际上首个容性储电单台自中和电喷雾推力器的在轨试验。

(1) 盘绕式伸展臂

图 3.9 所示的盘绕式伸展臂是一种伸展压缩比可达 55:1 的空间伸展机构,通常装载于很小的空间内,入轨后展开。该伸展臂既可用于卫星的姿态指向和稳定,也可用于灵敏装置(或敏感器)远离卫星本体的定位,以减少本体电磁干扰等影响。盘绕式伸展臂已在轨顺利展开,

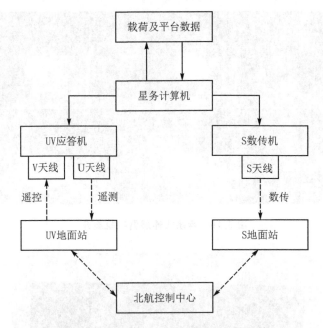

图 3.8 "北航亚太一号"卫星测控分系统

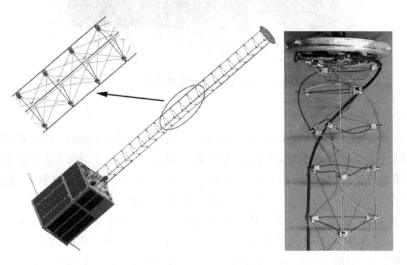

图 3.9 盘绕式伸展臂构型

其在轨展开过程如图 3.10 所示。

（2）空间相机

空间相机的基本任务是拍照记录盘绕式伸展臂的展开全过程。相机安装在伸展臂根部附近,光轴朝着整星坐标系的 $-Z$ 轴,即伸展臂的展开方向。

（3）对地遥感相机

图 3.11 所示的对地遥感相机是"北航亚太一号"卫星获取遥感图像的成像设备。对地相机的分辨率为 50 m,采用 IMX252 传感器,成像波段为 400～680 μm,曝光时间范围为 100 μs～30 ms。

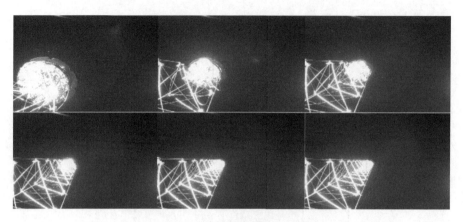

图 3.10 盘绕式伸展臂在轨展开

图 3.11 对地遥感相机

（4）ADS-B 空管接收机

广播式自动相关监视（automatic dependent surveillance-broadcast，ADS-B）是目前全球采用的一项新的空中交通管理系统，采用此系统的民用航空器通过 1090ES 数据链以一定周期自动向外广播本机的属性、状态信息和位置信息。ADS-B 信号被地面空管系统接收，用以监控航空器、安全管理航线，若被空中的飞机接收，则可实现相互监视，避免碰撞[26]。

图 3.12 所示的"北航亚太一号"卫星上搭载有星基 ADS-B 空管接收机，ADS-B 信号频点为 1 090 MHz，使用脉冲编码调制方式将码元调制到射频，其脉冲宽度为 0.5 μs，消息块总长为 140 μs。该星载 ADS-B 空管接收机被用于验证对航空器 ADS-B 信号的空间接收。此外，ADS-B 信号在方向上的差异性，可为探索新的卫星定姿方法提供基础。

（5）星间通信设备

星间通信设备主要用于在轨验证"北航亚太一号"卫星和 SSS-2A 卫星间的数据传输和组网通信。两星各装载了一台相同的星间通信设备，该设备实现了低功耗和轻量化，尺寸满足 PC/104 标准。星间通信机主要由射频前端、模/数转换、调制解调器、网络协议处理、电源及接口电路组成。星间通信设备的通信距离可保持在 500 km 以内，发射功率为 500 mW。

（6）电推进装置

电喷雾推力器（见图 3.13）被设计用作"北航亚太一号"卫星的离轨装置，这是一种以液态推进剂作为工质的新型静电式推进装置。液体工质在电场的作用下雾化形成带电液滴并被加

图 3.12　ADS-B 接收机

速产生推力,其推力范围在微牛至百微牛量级。电喷雾推进涉及渗流物理学、喷雾机理、电化学及场发射效应等多门学科领域的研究,是国际上空间推进领域的研究热点和前沿,具有功耗低、结构紧凑、控制灵活、可靠性高等特点,为微纳卫星等航天器的主动变轨、姿态控制等需求提供了新的解决方案。

图 3.13　电推进装置

3.2　卫星姿态控制系统方案设计

3.2.1　任务分析及指标约束

1. 卫星总体任务需求分析

卫星总体任务需求分析是设计和开发卫星各分系统的重要环节,涉及明确卫星的基本任务、系统功能和性能指标。卫星按照用途和其载荷的不同,可分为通信卫星、导航卫星和遥感卫星三大类[27]。不同用途卫星分系统的基本功能是一致的,但是特定功能和性能指标不同,这与卫星有效载荷的任务密切相关。"北航亚太一号"卫星所搭载 6 个有效载荷的具体任务如

表 3.2 所列。

表 3.2 "北航亚太一号"卫星有效载荷任务

序 号	载荷名称	载荷任务
1	盘绕式伸展臂	是卫星的主要载荷,可在轨自主展开,为整星提供重力梯度力矩
2	空间相机	拍摄盘绕式伸展臂展开过程及其在轨状态
3	对地遥感相机	实现卫星对地遥感拍照,分辨率为 50 m
4	ADS-B空管接收机	广播式自动相关监视系统,用于接收机载设备发出的 1 090 MHz 的 ADS-B报文并发送到卫星地面站
5	星间通信设备	完成与同个火箭发射的 SSS-2A 卫星间的通信和数据传输
6	电推进装置	在轨试验离轨装置,完成电推进技术的验证

根据卫星的任务需求、运载能力以及星上设备及其安装要求,经过多次迭代设计,确定卫星包络尺寸、平台质量、功耗及寿命等总体指标;根据卫星轨道条件和星上载荷功耗需求等确定其能源系统指标,包括太阳电池阵及蓄电池技术指标;考虑到星上载荷的指向精度和定轨精度等需求,确定姿态和轨道控制系统在不同工作模式下的稳态精度、稳定度和机动能力;根据星上载荷与遥控遥测数据量,结合地面站测控能力,确定测控和数传系统工作频段和通信速率等技术指标要求。根据上述原则,确定"北航亚太一号"卫星平台指标(已在表 3.1 中给出)。

2. 控制能力和指标约束

卫星姿态控制能力主要和总体任务需求以及有效载荷对卫星姿态的需求有关。"北航亚太一号"卫星的有效载荷对卫星姿态需求如表 3.3 所列。

表 3.3 "北航亚太一号"卫星有效载荷姿态需求

载荷序号	载荷名称	载荷任务	指向要求	精度要求	稳定度要求
1	盘绕式伸展臂	盘压伸展机构测试	对日定向	低	较高
2	空间相机	空间相机测试	—	—	较高
3	对地遥感相机	对地成像试验	对地定向	较高	较高
4	ADS-B空管接收机	星基空管技术验证	对地定向	低	低
5	星间通信设备	星间通信技术验证	对地定向	低	低
6	电推进装置	电推进技术验证	对地定向	低	较高

其中,ADS-B空管接收机以卫星为平台,接收飞机发送的广播信息,实现对绝大多数飞机从起飞到降落的全程监视和航线管理。ADS-B空管接收机所采用的天线具有较强的方向性,要求卫星姿态对地定向,但对指向精度和稳定度没有严格的约束。

卫星所搭载的盘绕式伸展臂机构具有大柔性、高展开收拢比的特点。盘绕式伸展臂在轨展开要求卫星姿态对日定向,以保证展开温度适宜,展开过程要求卫星姿态稳定,但对指向精度无较高要求。

星间通信设备主要用于"北航亚太一号"卫星与 SSS-2A 卫星间的数据传输和网络通信。

星间通信技术验证要求卫星姿态对地定向,但对指向精度和稳定度没有严格约束。

空间相机主要用于拍摄、记录盘绕式伸展臂的在轨展开过程,之后完成图像数据的存储和传输。空间相机对卫星姿态的指向和精度均无较高要求,在成像过程中要求卫星姿态具备一定的稳定度。

对地相机按照地面控制中心发送的任务指令,对地面目标进行成像并完成图像的存储和下传。对地成像任务要求卫星姿态对地定向,且在成像过程时卫星姿态应具备较高的指向精度和稳定度。

新型电推进装置主要用于电推进新技术的在轨验证和卫星离轨。电推进技术在轨验证对卫星姿态的指向和精度均无较高要求,但在点火过程要求其具备较高的稳定度,从而保证整星安全。在卫星寿命末期的离轨操作中要求卫星姿态对地定向,对其指向精度无较高要求。

根据以上任务需求,并结合相机所给定的稳定度指标,最终确定卫星姿态控制系统的性能指标如表 3.4 所列。

表 3.4　姿态控制系统的性能指标

项　　目	指标要求
姿态确定精度	$\leqslant 0.1°\ (3\sigma)$
姿态指向精度	$\leqslant 0.2°\ (3\sigma)$
姿态稳定度	$\leqslant 0.01(°)\cdot s^{-1}(3\sigma)$
机动能力	$30°/120\ s$

卫星姿态控制能力的分析和确定不仅仅需要考虑总体任务需求和有效载荷对卫星姿态的需求,还需要考虑卫星本身的结构特性、敏感器和执行机构性能、控制系统设计和空间环境等多方面的因素。所确定的"北航亚太一号"卫星姿态控制系统的性能指标合理,现有的姿态敏感器和执行机构产品也可以满足需求,通过合理的控制系统设计和硬件配置可以达到相应的性能指标。

卫星各分系统的质量和功耗的分配原则是基于其在卫星整体功能和性能中的角色和要求进行优化分配的。在为卫星姿态控制系统进行质量和功耗分配时,需要充分考虑所配备的敏感器(如陀螺、太阳敏感器)、执行机构(如推力器、动量轮)和控制器的质量和功耗。另外,为提高卫星姿态控制系统的容错能力,还需要考虑硬件设备的冗余配置,确保卫星姿态控制系统的高可靠性和高稳定性,这也会增加系统的质量和功耗。而且,卫星姿态控制系统质量和功耗的分配要求综合协调其他分系统,以确保整星系统能够发挥最优性能,完成特定的空间任务。依据"北航亚太一号"卫星平台指标,卫星总质量要求不大于 30 kg,总功耗要求不大于 50 W,卫星姿态控制系统的质量(预算)不大于 6 kg,功耗(预算)不大于 15 W。

3.2.2　硬件配置和性能分析

1. 硬件配置

初步明确卫星姿态控制系统的功能和性能要求后,还应明确卫星姿态控制系统的基本组成,并对其姿态控制系统的硬件进行配置,包括姿态敏感器、控制器和执行机构。

姿态敏感器的作用是敏感和测量卫星的姿态变化。控制器的作用是利用姿态敏感器的卫星姿态角变化值的测量信号,通过比较和处理,产生控制信号并输送到执行机构。执行机构的作用是根据姿态控制器发来的控制信号产生力矩,使卫星姿态稳定或机动到期望方向。

按照在卫星姿态确定过程中功能的不同,姿态敏感器可分为方向敏感器和惯性姿态敏感器。方向敏感器是一种测量卫星外部参考矢量的仪器,地球敏感器、太阳敏感器、恒星敏感器以及磁强计等都是通过测量外部参考目标相对星体坐标系的方位,来确定星体相对某参考坐标系的姿态角[8]。陀螺作为惯性姿态敏感器,主要用来测量星体角速度,对其积分后可得到姿态角。由于方向敏感器的刷新频率较低,而陀螺存在一定的常值漂移,因此卫星姿态的确定往往采取陀螺为基准,方向敏感器组合漂移校正的方法。

控制器是控制系统的核心,其可处理来自姿态敏感器的姿态信息以及卫星轨道信息,确定卫星姿态,再按一定的控制律形成控制指令并发送给执行机构,使其产生所需的控制力矩以消除姿态误差[28]。此外,控制器还具有某些管理功能,比如控制模式切换、程序控制、故障自主诊断和对策等。

微小卫星姿态控制系统的执行机构主要有反作用飞轮、动量轮、控制力矩陀螺、推力器、磁力矩器等。其中,飞轮(飞轮包括反作用飞轮和偏置动量轮)采用角动量交换原理对卫星姿态进行控制,是微小卫星中比较常见的执行机构,往往将几个飞轮配置成特定构型组合来使用。推力器通过喷出工质产生反作用推力,磁力矩器与地磁场相互作用产生磁控力矩[8]。

综合考虑系统可靠性和部件的性能及功能,"北航亚太一号"卫星姿态控制系统配置的敏感器包括 2 个数字式太阳敏感器、1 个磁强计和 2 个陀螺,执行机构包括 3 个动量轮和 1 个磁力矩器,动量轮采用三轴正交安装方式,磁力矩器用于实现动量轮的卸载。"北航亚太一号"卫星姿态控制系统的组成如图 3.14 所示。

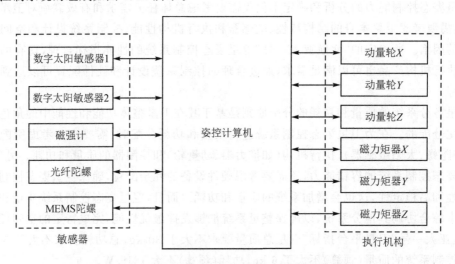

图 3.14 "北航亚太一号"卫星姿态控制系统组成

"北航亚太一号"卫星姿态控制系统采用独立姿态控制计算机(控制器)完成姿态的控制。图 3.15 所示为卫星姿态控制系统原理框图,其首先由姿态控制计算机实现卫星姿态控制系统部件的加/断电控制和数据轮询,然后将数据融合进行姿态确定并通过内嵌的控制算法生成控制指令,最后驱动执行机构实现卫星姿态的控制。

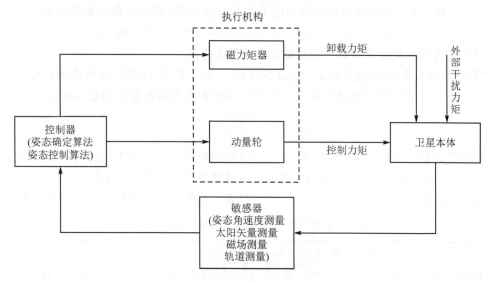

图 3.15 姿态控制系统原理框图

2. 性能分析

卫星姿态控制系统的硬件配置要尽量选择技术上成熟的部件,并分析和确定各部件的功能和性能指标。对于姿态敏感器来说,目前国际上光学敏感器和惯性敏感器已逐步趋向于商品化,磁强计也有若干品种,基本上可满足应用需要,对这些部件的选用属产品选择问题。在综合考虑其性能指标、体积、功耗、重量以及寿命和可靠性等因素的基础上,完成姿态敏感器的选型即可。

为了确定姿态控制执行机构的性能指标,首先需估算出所需控制力矩的大小,为此须分析计算作用于卫星本体上的干扰力矩,比如气动力矩、重力梯度力矩和太阳辐射压力矩等。对于执行机构选型来说,需在各种可能的飞行状态下对卫星总的干扰力矩估计出一个上限,并考虑其在轨运行时的变化规律,将其作为确定执行机构的类型和性能指标时的重要参考依据[29]。

控制器硬件的选用与姿态敏感器和执行机构不同,须依据特定的任务完成设计,但也存在可供选择的元器件。

"北航亚太一号"卫星姿态控制系统的硬件配置综合考虑了部组件的性能指标、数量、尺寸、质量和功耗等因素,并确保满足任务需求、精度要求和设计约束。以下对姿态敏感器和执行机构的性能指标进行分析和确定。

(1) 姿态敏感器

姿态确定精度要求达到 $0.1°$,因此选定的太阳敏感器的测量精度为 $0.1°$。这两个数字太阳敏感器互为备份(热备份),且同时开机工作。磁强计的测量精度较低,为保证姿态确定的精度,其测量精度应优于 300 nT。陀螺的测量精度较高,要求其测量精度优于 $0.001(°)/s$,噪声特性优于 $0.2(°)/h$。选择光纤陀螺和 MEMS 陀螺作为角速度敏感器,两者互为备份(冷备份),正常状况下只有光纤陀螺开机工作。

(2) 执行机构

设定卫星在姿态机动过程中的最大角速度为 $1(°)/s$,其进入速率阻尼阶段的最大角速度

为 2(°)/s。可要求动量轮具备吸收角速度为 3(°)/s 的能力,则卫星角动量估算为

$$h_w \geq I\omega_{bi} = 1.2 \times 3 \times \pi/180 = 0.062\,8\ \text{N}\cdot\text{m}\cdot\text{s} \tag{3.1}$$

式中,I 为卫星最大转动惯量;ω_{bi} 为卫星最大惯性角速度。

"北航亚太一号"卫星运行在 517 km 的太阳同步轨道,此轨道高度的磁场强度最小值约为 2×10^{-5} T,环境干扰力矩设置为 5×10^{-5} N,则所需磁力矩器提供的最小磁矩可以估算为

$$M \geq \frac{T_d}{B_{min}} = \frac{5\times10^{-5}}{2\times10^{-5}} = 2.5\ \text{A}\cdot\text{m}^2 \tag{3.2}$$

考虑到磁力矩器要为动量轮卸载,并在速率阻尼阶段为卫星提供阻尼力矩,同时在动量轮发生故障时产生控制力矩,因此磁力矩器的磁矩选择要考虑较大的冗余量。

通过上述分析和估算,"北航亚太一号"卫星姿态控制系统的硬件配置如表 3.5 所列。

表 3.5　"北航亚太一号"卫星姿态控制系统的部件参数

部　件		型　号	数　量	质量/g	尺寸/mm	功率/W	性　能
数字太阳敏感器 1		SSOC - D60	1	35.5	L50×W30×H12	≤0.32	精度 0.1°
数字太阳敏感器 2		Nano SSOC - D60	1	6.2	L43×W14×H5.9	≤0.076	精度 0.1°
磁强计		HMR2300	1	98	L83×W38×H22	≤0.525	精度 120 nT
光纤陀螺		STIM210	1	52	L45×W39×H22	≤1.5	噪声特性 0.15(°)/h
MEMS 陀螺		YH - 50	1	210	L50×W50×H55	≤2.3	噪声特性 0.2(°)/h
磁力矩器	磁棒	MTQ - 10	3	2 800	L250×W66×H34	≤3.6	最大磁矩 12 A·m²
	控制器		1		L136×W40×H86		
动量轮		V70	3	450×3	L70×W70×H73	≤1.5×3	最大角动量 0.067 N·m·s
姿态控制计算机		—	2	≤1 000	L96×W95×H98	≤1.2	CAN 总线通信
合计				≤5 551.7		≤14.021	

由表 3.5 可知,"北航亚太一号"卫星姿态控制系统的总质量小于 6 kg,总功耗小于 15 W,满足质量预算(≤6 kg)和功耗预算(≤15 W),且满足任务需求和精度要求。

3.2.3　控制方案与策略设计

卫星入轨后姿态控制系统会按照预定的飞行程序工作,也就是需要提前设计和制定卫星姿态控制系统的工作顺序。卫星运行在轨道上需要执行多个控制任务,不同的控制任务对应着不同的工作模式,不同工作模式下的姿态确定和姿态控制的策略不尽相同,需要进行详细设计。

1. 飞行程序和工作模式

卫星与火箭分离后,其具有较大的自旋角速度,此时姿态敏感器无法正常工作,因此星箭分离后首先对卫星进行速率阻尼,使卫星的角速度降下来再对其进行操作。待卫星角速度阻尼降至某一范围内,为保证整星能源的供应,须立即控制卫星实现其对日定向(太阳帆板对日)。卫星在执行各种空间任务时往往需要其对地定向,从一个稳定姿态到另一个稳定姿态的过程需要进行姿态机动。以上为一种粗略的姿态控制系统飞行程序和工作模式。在此基础

上,考虑卫星有效载荷的特殊需求可能会扩展更多新的姿态控制策略,来制定更为完备的飞行程序和工作模式。

(1)飞行程序

"北航亚太一号"卫星具体飞行程序设计如下:

① 星箭分离后姿态控制计算机加电,恒星敏感器、陀螺、磁强计、太用敏感器、磁力矩器、动量轮依次自主加电,动量轮启动至标称转速(即偏置动量轮的平均转速)。

② 速率阻尼期间,采用磁力矩器进行速率阻尼;若到规定时间仍未完成阻尼,引入动量轮进行速率阻尼。

③ 当阻尼完成后,要实现太阳敏感器搜索太阳,即

(a)卫星绕其俯仰轴旋转搜索太阳;

(b)若搜索一圈仍未见太阳,卫星自主转入滚动搜索模式(卫星绕其滚动轴旋转以搜索太阳),搜索期间若进入地影区,固定搜索角速度继续保持搜索;

(c)经过两圈搜索后若见到太阳,则保持对日巡航,等待地面指令进行模式转换;若未搜索到太阳,则重复上述过程搜索,直至见到太阳。

④ 卫星根据地面指令可以转入对日三轴稳定模式(SPM),或者对地三轴稳定模式(EPM)。通过设置允许自主模式切换标志,可以实现阳照区对日、阴影区对地的自主模式切换;在对地稳定模式下,卫星利用动量轮进行姿态稳定控制,磁力矩器为动量轮提供卸载力矩;另外,卫星也具备惯性稳定模式(IPM)下对惯性空间任意指向的三轴稳定能力。

(2)工作模式

"北航亚太一号"卫星姿态控制系统的工作模式如表 3.6 所列。

表 3.6 "北航亚太一号"卫星姿态控制系统的工作模式

序 号	模式字	子模式字	姿态角	姿态角速度	执行机构	故障策略
0	太阳捕获模式(SAM)	0 速率阻尼	0	陀螺	磁力矩器(姿态控制)	陀螺故障:利用磁强计差分信号
		1 滚动搜索	太阳敏感器	陀螺	动量轮(姿态控制)磁力矩器(卸载)	经过搜索未见到太阳,继续重复搜索
		2 偏航搜索	太阳敏感器	陀螺	动量轮(姿态控制)磁力矩器(卸载)	
		3 对日巡航	太阳敏感器	陀螺	动量轮(姿态控制)磁力矩器(卸载)	
1/2/3	对日(SPM)/对地(EPM)/惯性(IPM)稳定模式	1	恒星敏感器陀螺组合		动量轮(姿态控制)磁力矩器(卸载)	陀螺故障:双矢量差分代替;动量轮故障:三轴轮控
		2	太阳敏感器磁强计陀螺组合			
		3	太阳敏感器磁强计双矢量			
		4	陀螺姿态预估			
4	安全模式(SBM)					保留遥测遥控功能

依据载荷任务、能源需求和遥控指令等要求，卫星姿态控制系统需切换到不同的工作模式，包含入轨初期的太阳捕获模式、三轴稳定的对日定向和对地定向模式，以及姿态机动模式。所设计的"北航亚太一号"卫星姿态控制系统模式切换流程如图 3.16 所示。

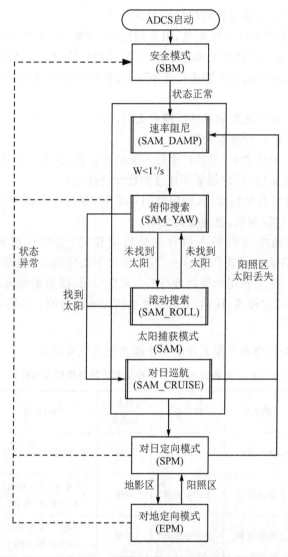

图 3.16 "北航亚太一号"卫星姿态控制系统模式切换流程

如图 3.16 所示，星箭分离结束，卫星姿态控制系统（ADCS）启动。卫星首先进入安全模式（SBM），判读整星状态是否正常。正常情况下进行速率阻尼，待星体转动速率减小至 $0.5(°)/s$ 或以下时，卫星沿其俯仰轴或滚动轴以 $0.5(°)/s$ 的角速度转动以搜索太阳，搜索到太阳后进行对日巡航，整个过程称为太阳捕获模式（SAM）。

之后可通过地面站发送遥控指令，控制卫星姿态机动至对日三轴稳定模式（SPM），此模式下卫星可利用太阳电池阵补充能源，若卫星在对日巡航或对日定向过程中，太阳在阳照区丢失，卫星会自动转入速率阻尼来重复太阳的捕获过程。

当载荷执行任务时，可通过地面站发送遥控指令控制卫星姿态机动至对地三轴稳定模式

(SPM),同时为保障能源供应,卫星可在轨道周期内进行日地切换,实现阳照区对日、阴影区对地。卫星状态在 SAM、SPM 和 EPM 任一模式下异常,均会转入 SBM,此模式下停止卫星姿态的控制,偏置动量轮保持标称转速,磁力矩器产生的磁矩为零,待卫星状态恢复正常,再继续进入各工作模式。在对日和对地定向模式下,卫星均可按照地面遥控指令机动至任意目标姿态。

2. 姿态确定和控制策略

结合"北航亚太一号"卫星实例,下面给出一些姿态确定和姿态控制策略,姿态确定的具体方法将在第 4 章详细阐述,姿态控制律的设计和仿真实验已在 3.2.3 节给出。

(1) 姿态确定策略

1) 陀螺、磁强计和太阳敏感器组合定姿

陀螺、磁强计和太阳敏感器组合定姿是由陀螺预估卫星三轴姿态的,根据磁强计和太阳敏感器的输出,采用扩展卡尔曼滤波算法[30]来实时对卫星姿态进行修正,并估计陀螺的常值漂移。

2) 太阳敏感器和磁强计双矢量定姿

太阳敏感器和磁强计的双矢量定姿是依靠太阳敏感器和磁强计的测量数据以及轨道信息,得出轨道系和本体系下的地磁矢量和太阳矢量,最终采用双矢量定姿算法计算出卫星的姿态角。另外,在磁工作的模式中,为了保证磁强计的正常工作并减小干扰,要求磁强计和磁力矩器分时工作。

3) 陀螺姿态预估

在全姿态捕获模式和大姿态角机动过程中,卫星角速度过大,可能导致恒星敏感器输出无效,此时可采用陀螺预估的方法在短时间内确定卫星三轴姿态。在全姿态捕获过程中,由于未估计陀螺漂移对其的影响,仅利用陀螺数据及其积分来确定卫星的姿态角和姿态角速度,故无法消除陀螺漂移对其的影响。在姿态机动过程中,可根据之前的陀螺漂移数据对卫星姿态角和姿态角速度进行修正。

(2) 姿态控制策略

1) 磁阻尼控制

在速率阻尼阶段,以磁力矩器作为执行机构,可采用 B-dot 控制律[31]或微分控制律完成速率阻尼。

2) 动量轮控制

在三轴稳定阶段,可采用 PID 等控制律驱动动量轮对卫星三轴姿态进行控制。该算法的控制参数可通过理论分析与仿真分析获取。姿态机动过程采用时间最优控制律进行正弦型路径规划[32],姿态稳定过程在必要时可考虑快速稳定的变参数控制律[33],以减小稳定时间,提高卫星的动态机动性能。

3) 磁卸载控制

动量轮通过控制自身的转速,将整星角动量的变化转化为动量轮的角动量变化,从而保持星体姿态的稳定。由于动量轮转速的限制,当其转速达到上限或者下限时,动量轮将进入饱和状态,失去控制角动量的能力,干扰力矩会导致卫星姿态失控。因此,动量轮饱和时需要通过磁力矩器对其进行卸载,使动量轮转速回到标称值,此过程可采用磁卸载控制律来实现。

3.3 卫星姿态控制系统软件设计

3.3.1 软件总体设计

卫星姿态控制系统的软件系统存储于姿态控制计算机（ACU）中，与硬件系统协同工作。软件系统可以实现单机部件与姿态控制计算机的通信、单机部件数据和状态的采集、姿态数据的处理和控制律的计算以及执行机构的输出。同时，软件系统还可以通过星务分系统完成与其他分系统的数据交互、执行遥控数据的解析处理和遥测数据的发送下传。姿态控制软件系统的信息流如图3.17所示。

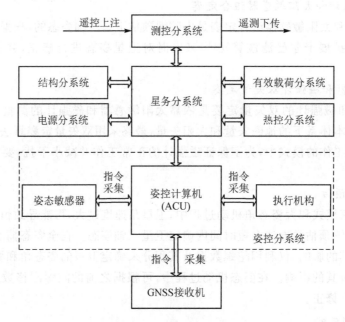

图 3.17 软件系统信息流

卫星的姿态控制软件系统可采用层次化的软件框架，设计为自底向上的层级软件架构。姿态控制系统的软件分层包括嵌入式操作系统、驱动库和应用软件。嵌入式操作系统是软件分层的最底层，主要完成实时系统的任务管理、任务通信、内存管理、时钟管理、中断管理以及异常管理等工作；硬件的直接操作和管理（包括硬件设备管理、处理器中断和异常处理等）由操作系统接管，通过操作系统为应用软件的运行提供多任务环境；为便于设备的管理，系统内核的I/O系统组件接管了系统的外围设备管理工作，通过标准化的驱动程序架构可实现标准化的I/O设备，并通过文件形式的打开、关闭和读写操作实现对设备的读写和操作功能。驱动库是软件分层的中间层，主要用来对硬件进行初始化和驱动，并管理外部设备；应用软件是软件分层的最顶层，是根据卫星姿态控制的任务需求编写完成的。姿态控制软件系统的分层结构如图3.18所示。

嵌入式操作系统负责软件系统的全部软硬件资源的分配、任务调度和控制协调。驱动库根据卫星姿态控制系统部件的通信接口，写有不同类型的驱动函数。嵌入式操作系统和驱动

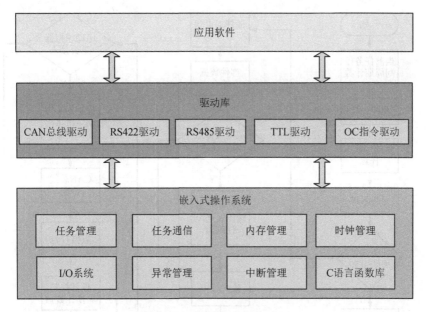

图 3.18　软件系统分层结构

库属于软件平台,而应用软件是姿态控制软件系统设计的核心。

　　根据卫星姿态控制系统的任务需求和硬件配置,考虑系统的容错性、地面测试的可操作性以及与其他分系统的交互性等因素,设计的"北航亚太一号"卫星应用软件总体功能流程如图 3.19 所示。卫星姿态控制系统的控制周期一般在几毫秒到几十秒之间,在每个控制周期内,完成的主要内容及顺序为:① 部件加电;② FLASH 存储器初始化;③ 星时计算;④ 轨道外推;⑤ 太阳星历计算;⑥ 地磁场计算;⑦ 星务处理;⑧ 输入处理;⑨ 姿态工作模式控制;⑩ 控制律计算;⑪ 输出处理;⑫ 部件工作状态读取和故障处理;⑬ CAN 总线诊断;⑭ 遥测数据打包。

　　部件加电模块主要实现姿态敏感器和执行机构的依次通电启动功能。星务处理模块主要实现接收星务计算机发送的遥控指令和上注数据,以及 GPS 广播定位数据。姿态工作模式控制模块和控制律计算模块采用以 PID 控制律为主的太阳捕获、对日定向、对地定向和姿态机动等多模式自主切换的控制方法。姿态控制计算机与星务计算机通过 CAN 总线通信,因此需要实时诊断 CAN 总线数据是否可识别,若不能识别需要其重新初始化。遥测数据打包模块主要实现对姿态控制系统的部件参数、控制变量、轨道位置和姿态模式等遥测量组帧打包的功能,以供地面控制中心接收查看。同时,为方便卫星姿态控制系统的地面测试,须配置有运动模拟器(内置动力学模型)接口函数。应用软件的其他功能模块在 3.3.2 节中详述。

3.3.2　软件功能模块设计

1. 星时计算模块

　　星上时钟主要用于星地信标和轨道外推的执行。星上时钟利用 RTC(时钟芯片)实现计时功能,其相对起始时间可以自己拟定,方便计算即可(比如以 2018 年 1 月 1 日 0 点 0 分 0 秒为起始的相对时间)。时间格式为四字节秒、两字节微秒(微秒的步进为 25 μs)。星上时钟上

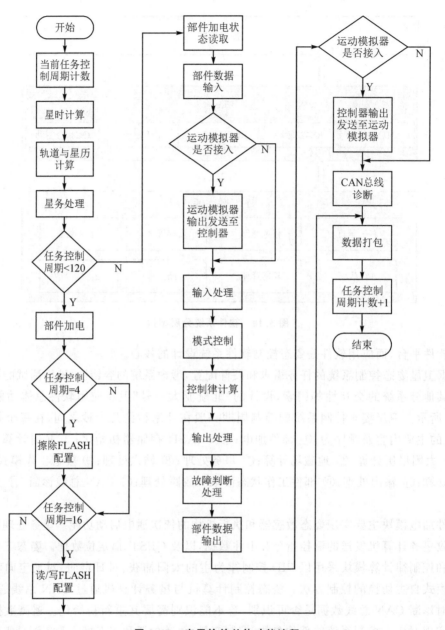

图 3.19 应用软件总体功能流程

电初始化为发射时刻,然后从发射时刻开始自主守时。

星上时间的校准分为以下三种形式[34]:

① GNSS 授时:采集星上 GNSS 时间以对星上时间进行校正;

② 集中授时:采用地面发送集中授时指令对星上时间进行校正;

③ 集中校时:根据星地时间差,地面发送集中校时指令将星上时钟拨快/拨慢若干秒。

在软件中校时类型可用状态标志字 mStarTime. ucTimingType 表示,其对应的含义如表 3.7 所列。

卫星在轨校时方法主要采用 GNSS 授时,利用 GNSS 接收机发送的 GNSS 时间对姿态控制系统进行授时。同时,若存在星务系统的星时和姿态控制系统的星时不一致的情况时,姿态控制系统将依据星务计算机的时间进行校时,即星务校时。除此之外,还可以采用均匀校时、增量校时对星时进行校准。均匀校时通过地面注入校时间隔和补偿量,控制姿态控制计算机每隔相应时间自动对星时进行一定的补偿。增量校时是通过地面注入星地时间差数据的方式对姿态控制系统进行星时补偿,适用于地面对星时偏差的校准。在必要的情况下,还可采用地面授时的方法直接注入当前地面时间数据对星时进行校准。

表 3.7　校时类型状态标志

序　号	符　号	含　义
1	mStarTime. ucTimingType＝0x01	GNSS 授时
2	mStarTime. ucTimingType＝0x02	星务校时
3	mStarTime. ucTimingType＝0x04	均匀校时
4	mStarTime. ucTimingType＝0x08	增量校时
5	mStarTime. ucTimingType＝0x20	地面授时

2. 轨道与星历计算模块

轨道与星历计算模块的功能框图如图 3.20 所示。

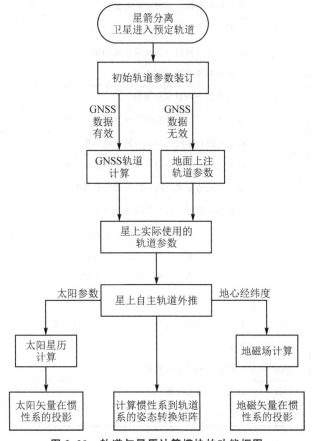

图 3.20　轨道与星历计算模块的功能框图

如图 3.20 所示,星箭分离后,卫星进入预定轨道,完成初始轨道参数的装订,之后姿态控制计算机自主判断 GNSS 数据是否有效,若 GNSS 数据有效则进行轨道计算,取 GNSS 数据要素集为

$$G = [x,y,z,\mathrm{d}x,\mathrm{d}y,\mathrm{d}z]^{\mathrm{T}} \tag{3.3}$$

式中,x,y,z 为轨道位置;$\mathrm{d}x,\mathrm{d}y,\mathrm{d}z$ 为轨道速度。

取轨道要素集为

$$\boldsymbol{E}_{t0} = [a,e,\Omega,i,L,M(t_0)]^{\mathrm{T}} \tag{3.4}$$

式中,a 为半长轴;e 为偏心率;Ω 为升交点赤经;i 为轨道倾角;L 为近地点幅角;$M(t_0)$ 为 t_0 时刻的平近点角。

把 t_0 时刻的瞬时轨道要素 $\boldsymbol{E}_{t0}$ 分解成拟平均轨道要素 $\boldsymbol{E}_{q0}$ 和短周期摄动项 $\boldsymbol{E}_{sp0}$,即

$$\boldsymbol{E}_{t0} = \boldsymbol{E}_{q0} + \boldsymbol{E}_{sp0} \tag{3.5}$$

利用 GNSS 数据要素 $\boldsymbol{G}$ 可计算出瞬时轨道要素 $\boldsymbol{E}_{t0}$,采用 Brouwer 法[35]可计算出短周期摄动项 $\boldsymbol{E}_{sp0}$,则可以得到拟平均轨道要素 $\boldsymbol{E}_{q0}$。基于拟平均轨道要素 $\boldsymbol{E}_{q0}$,可进一步推导出与轨道相关的 19 个参数,如表 3.8 所列。

表 3.8　与轨道相关的 19 个参数含义

序　号	参　数	单　位	含　义
1	t_0	s	引入轨道参数初值时对应的星时
2	Δa_0	km	t_0 时刻拟平均半长轴减去地球半径
3	a_Δ	km/s	拟平均半长轴的一阶长周期摄动系数
4	i_0	rad	t_0 时刻拟平均轨道倾角
5	Ω_0	rad	t_0 时刻拟平均升交点赤经
6	Ω_1	rad/s	拟平均升交点赤经的一阶长周期摄动系数
7	ξ_Δ	1/s	拟平均偏心率的一阶长周期摄动系数
8	η_Δ	1/s	拟平均近地点幅角的一阶摄动系数
9	L_ω	rad/s	拟平均近地点幅角的一阶长周期摄动系数
10	$\overline{\eta}_m$	rad	拟平均近地点幅角的二阶摄动系数
11	A	量纲 1	拟平均偏心率和拟平均近地点幅角的长周期变化幅值
12	β	rad	拟平均偏心率和拟平均近地点幅角的长周期变化相位
13	λ_0	rad	t_0 时刻拟平均平近地点角加上拟平均近地点幅角(类似拟平均纬度幅角)
14	λ_1	rad/s	类似拟平均纬度幅角的一阶长周期摄动系数
15	λ_2	rad/s²	类似拟平均纬度幅角的二阶长周期摄动系数
16	λ_G	rad	恒星时角
17	M_{sun}^0	rad	t_0 时刻太阳的平近点角
18	L_{sun}	rad	太阳的近地点幅角
19	Ω_{sun}	rad	太阳的升交点赤经

由于 GNSS 接收机挂接在 CAN 总线上,为节省总线通信资源,GNSS 接收机采取间断性

开机策略，在其关机时需要进行轨道外推。GNSS 轨道计算得到的 t_0 时刻的拟平均轨道要素 $\boldsymbol{E}_{q0}$ 作为轨道外推函数的初值，计算 t 时刻的瞬时轨道要素 $\boldsymbol{E}_t$，$\boldsymbol{E}_t$ 可以表示为

$$\boldsymbol{E}_t = \boldsymbol{E}_{q0} + (t-t_0)\boldsymbol{J} + \boldsymbol{E}_{spt} \tag{3.6}$$

式中，$\boldsymbol{J}$ 为长周期摄动系数矩阵，$\boldsymbol{E}_{spt}$ 为 t 时刻的短周期摄动项。

利用轨道外推函数进一步计算其他轨道参数，得到惯性系到轨道系的姿态转换矩阵 $\boldsymbol{C}_{oi}$ 为

$$\boldsymbol{C}_{oi} = \begin{bmatrix} -\sin u \cos \Omega - \cos u \cos i \sin \Omega & -\sin u \sin \Omega + \cos u \cos i \cos \Omega & \cos u \sin i \\ -\sin i \sin \Omega & \sin i \cos \Omega & -\cos i \\ -\cos u \cos \Omega + \sin u \cos i \sin \Omega & -\cos u \sin \Omega - \sin u \cos i \cos \Omega & -\sin u \sin i \end{bmatrix} \tag{3.7}$$

计算地心经纬度，即

$$\begin{aligned} L_1 &= \begin{cases} \arctan(\tan u \cdot \cos i), & \cos u \geqslant 0 \\ \pi + \arctan(\tan u \cdot \cos i), & \cos u < 0 \end{cases} \\ \tau &= L_1 + \Omega - \lambda_G - \omega_e(t-t_0) \\ \upsilon &= \arctan(\sin L_1 \cdot \tan i) \end{aligned} \tag{3.8}$$

式中，τ 为地心经度；υ 为地心纬度；ω_e 为地球自转角速度。

轨道外推结束后，计算地磁矢量在东北天坐标系的投影 $\boldsymbol{B}_N = [B_{Nx}, B_{Ny}, B_{Nz}]^T$，即

$$\begin{aligned} B_{Nx} &= \sum_{n=1}^{\infty}\sum_{m=0}^{n}(n+1)\left(\frac{R}{r}\right)^{n+2}(g_n^m \cos m\tau + h_n^m \sin m\tau)\bar{P}_n^m(\sin \upsilon) \\ B_{Ny} &= -\sum_{n=1}^{\infty}\sum_{m=0}^{n}\left(\frac{R}{r}\right)^{n+2}[g_n^m \cos(m,\tau) + h_n^m \sin(m,\tau)]\frac{d\bar{P}_n^m(\sin \upsilon)}{d\upsilon} \\ B_{Nz} &= \sum_{n=1}^{\infty}\sum_{m=0}^{n}\left(\frac{R}{r}\right)^{n+2}(g_n^m \sin m\tau - h_n^m \cos m\tau)\frac{\bar{P}_n^m(\sin \upsilon)}{\cos \upsilon} \end{aligned} \tag{3.9}$$

式中，r 为地心距；g_n^m 和 h_n^m 为高斯系数；$\bar{P}_n^m$ 为 n 次 m 阶的 Schimidt 准归一化伴随多项式函数。

计算地磁矢量在轨道坐标系的投影 $\boldsymbol{B}_o = [B_{ox}, B_{oy}, B_{oz}]^T$，即

$$\begin{aligned} \cos ks &= -\sin i \cdot \cos L_1 \\ \sin ks &= \sqrt{1 - \cos ks \cdot \cos ks} \\ B_{ox} &= B_{Nx}\cos ks - B_{Ny}\sin ks \\ B_{oy} &= -B_{Nx}\sin ks - B_{Ny}\cos ks \\ B_{oz} &= -B_{Nz} \end{aligned} \tag{3.10}$$

进而可得到地磁矢量在惯性坐标系的投影 $\boldsymbol{B}_i$，即

$$\boldsymbol{B}_i = \boldsymbol{C}_{oi}^T \cdot \boldsymbol{B}_o \tag{3.11}$$

计算太阳矢量在惯性坐标系的投影 $\boldsymbol{S}_i$，即

$$\left.\begin{aligned}
M_{\text{sun}} &= \dot{M}_{\text{sun}}(t-t_0) + M_{\text{sun}}^0 \\
u_{\text{sun}} &= M_{\text{sun}} + 2e_{\text{sun}}\sin M_{\text{sun}} + L_{\text{sun}} + 1.25e_{\text{sun}}^2\sin 2M_{\text{sun}} \\
\mathbf{S}_i &= \begin{bmatrix} \cos \Omega_{\text{sun}}\cos u_{\text{sun}} - \sin \Omega_{\text{sun}}\cos i_{\text{sun}}\sin u_{\text{sun}} \\ \sin \Omega_{\text{sun}}\cos u_{\text{sun}} + \cos \Omega_{\text{sun}}\cos i_{\text{sun}}\sin u_{\text{sun}} \\ \sin i_{\text{sun}}\sin u_{\text{sun}} \end{bmatrix}
\end{aligned}\right\} \tag{3.12}$$

式中，u_{sun} 为太阳黄经；e_{sun} 为太阳的偏心率；i_{sun} 为太阳的轨道倾角。

太阳矢量在轨道坐标系的投影 $\mathbf{S}_o = [S_{ox}, S_{oy}, S_{oz}]^T$ 为

$$\mathbf{S}_o = \mathbf{C}_{oi} \cdot \mathbf{S}_i \tag{3.13}$$

阳照区域与阴影区域的判断可写为

$$\left.\begin{aligned}
H_s &= \sqrt{1-\left(\frac{R_e}{r}\right)^2} \\
S_{oz} &< H_s,\text{阳照} \\
S_{oz} &\geqslant H_s,\text{阴影}
\end{aligned}\right\} \tag{3.14}$$

式中，R_e 为地球平均半径。

3. 输入处理模块

设计的输入处理模块功能框图如图 3.21 所示，输入处理模块主要完成敏感器测量的数据由测量坐标系转换到本体坐标系，以及完成数据有效性的判断和卫星姿态的确定。

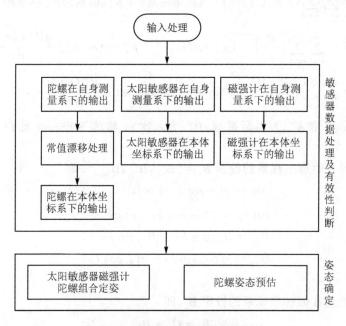

图 3.21　输入处理模块的功能框图

为更好地设计卫星输入处理模块软件，选择合适的姿态确定方法，需要对卫星轨道的光照情况进行计算和分析，"北航亚太一号"卫星的轨道参数如表 3.9 所列。

利用 STK 软件计算太阳矢量方向与卫星轨道面夹角 Beta 的变化情况（见图 3.22）。关键时刻的卫星轨道如图 3.23 所示。

表 3.9 轨道参数

轨道类型	太阳同步轨道
轨道高度/km	517
偏心率	0
轨道倾角/(°)	97
降交点地方时	18:00

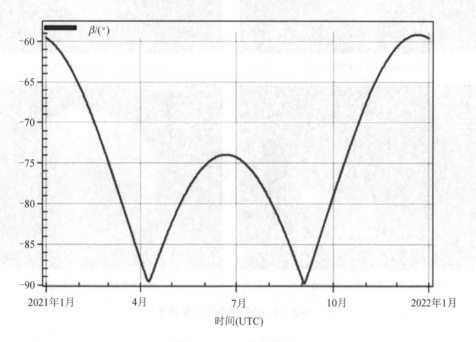

图 3.22 Beta 变化情况

通过轨道数据分析,得到一年内卫星每轨处于阴影区的时长(见图 3.24)。从图中可知,大部分时间内卫星处于阳照区,卫星单轨处于阴影区的最长时间为 22 min,整体光照比较充足。

因此,结合"北航亚太一号"卫星轨道光照条件和卫星姿态控制系统的硬件配置特点,可采用陀螺、磁强计和太阳敏感器组合定姿算法,姿态确定算法的原理框图如图 3.25 所示。

在阳照区利用陀螺的输出来建立状态方程,利用磁强计和太阳敏感器双矢量定姿的结果建立测量方程,通过扩展卡尔曼滤波(EKF)递推的方法来得到陀螺常值漂移误差和双矢量定姿误差的最优估计值;在阴影区,太阳敏感器失效,可利用陀螺进行姿态确定。需要注意的是,所介绍的敏感器数据处理及有效性判断算法是通用的,姿态确定算法因卫星采用的姿态确定方法而异。

4. 输出处理模块

设计的输出处理模块功能框图如图 3.26 所示,在速率阻尼阶段利用磁力矩器完成磁控阻尼,动量轮启动至标称转速。在其他阶段利用动量轮进行三轴姿态控制,磁力矩器为动量轮提供卸载力矩。

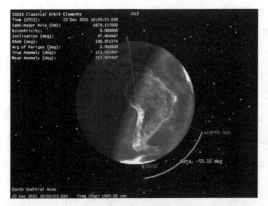

(a) Beta最大时的卫星轨道

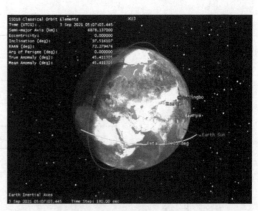

(b) Beta最小时的卫星轨道

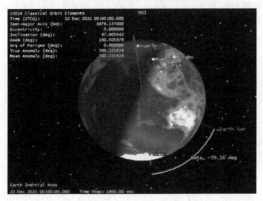

(c) 夏至日时的卫星轨道

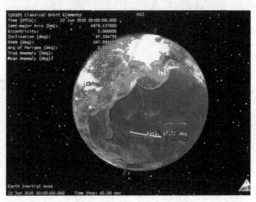

(d) 冬至日时的卫星轨道

图 3.23　关键时刻的卫星轨道

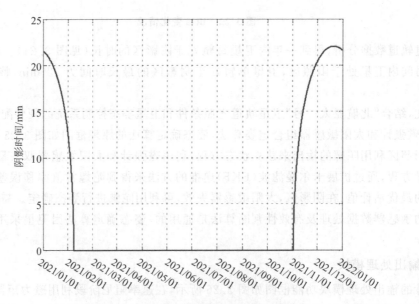

图 3.24　一年中卫星每轨处于阴影区的时长

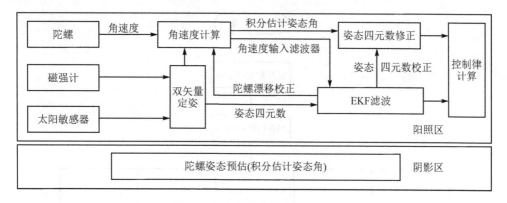

图 3.25　姿态确定算法原理框图

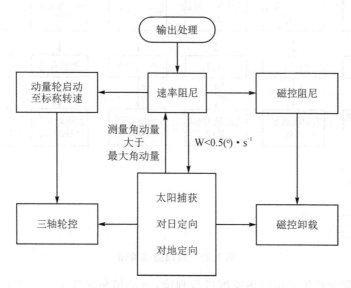

图 3.26　输出处理模块的功能框图

5. 故障处理模块

考虑姿态控制系统可能出现的故障,须在每个控制周期均对部件数据进行检测与判断。姿态控制系统部件故障诊断原则主要基于通信故障诊断、数据故障诊断和状态故障诊断三个方面。

通信故障诊断由姿态控制计算机系统软件完成,监测各部件的通信情况,当部件通信异常时立即给出通信故障状态,并将故障状态通知姿态控制软件模块。数据故障诊断由姿态控制模块完成,每个控制周期均对数据进行检测与判断,当输出出现长时间不变化、超界、不连续、不相容等异常时,进行异常状态计数,该数据不参与姿态闭环控制,当计数值累加到上限时,将该路数据标记为数据故障状态,并通知系统软件进行处理。状态故障诊断由姿态控制模块完成,每个周期监测单机状态,当状态异常时,该数据不参与姿态闭环控制。

故障处理策略的制定与姿态控制系统的精度指标、硬件配置、姿态确定和姿态控制策略等密切相关。根据"北航亚太一号"卫星姿态控制系统的特点,给出的一种故障处理策略如图 3.27 所示。

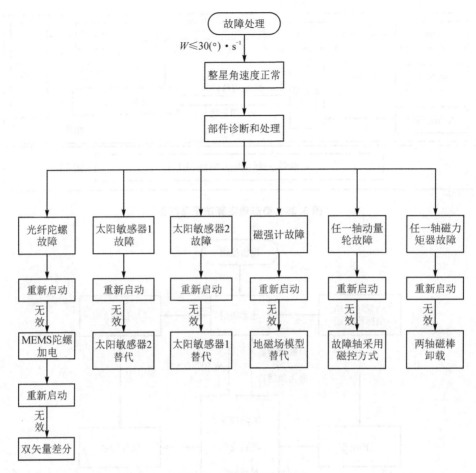

图 3.27　故障处理策略

在每个控制周期首先对整星角速度进行判读,当整星角速度大于 $30(°)\cdot s^{-1}$ 时,转安全模式(SBM)进行停控处理,停止执行机构输出控制力矩,排查星上故障;当整星角速度不大于 $30(°)\cdot s^{-1}$ 时,对姿态控制系统部件状态进行依次判读。针对陀螺,姿态控制系统开机后默认选用光纤陀螺,且 MEMS 陀螺为不加电状态。若光纤陀螺出现故障,重启无效后星上自主切换至 MEMS 陀螺;若两个陀螺均出现故障,可利用基于双矢量差分[36]的陀螺故障系统重构算法替代。针对太阳敏感器故障,太阳敏感器 1 和太阳敏感器 2 同时工作且互为备份。针对磁强计故障,重启无效后利用轨道与星历计算中的地磁场模型替代。"北航亚太一号"卫星的动量轮系采用三轴正交安装方式,任一轴动量轮产生故障,采用基于动量轮和磁力矩器联合控制的动量轮故障系统重构算法,实现姿态控制系统的重构。针对磁力矩器出现故障,重启无效后可不做进一步处理,两轴磁棒仍可为三轴动量轮提供卸载力矩。

3.3.3　基于 MATLAB/Simulink 界面的姿态控制器设计与仿真实验

1. 姿态控制器设计

为了便于理解姿态控制器的原理和具体设计过程,下面给出两个典型例子:一是星箭分离后,卫星速率阻尼阶段的姿态控制器设计;二是卫星入轨正常运行后,三轴稳定阶段的姿态控制器设计。

(1) 速率阻尼控制器

一般卫星运动可视为刚体运动,根据角动量守恒定理,其姿态动力学方程可表示为

$$\boldsymbol{I}\dot{\boldsymbol{\omega}}_{bi} + \dot{\boldsymbol{h}}_w + \boldsymbol{\omega}_{bi} \times (\boldsymbol{I}\boldsymbol{\omega}_{bi} + \boldsymbol{h}_w) = \boldsymbol{T}_t + \boldsymbol{T}_d \tag{3.15}$$

式中,$\boldsymbol{I}$ 为卫星星体转动惯量;$\boldsymbol{h}_w$ 为动量轮系的角动量;$\boldsymbol{\omega}_{bi}$ 为卫星星体坐标系相对于惯性坐标系的姿态角速度;$\boldsymbol{T}_t$ 为磁力矩器产生的磁控力矩;$\boldsymbol{T}_d$ 为外部干扰力矩。

在速率阻尼阶段,根据陀螺和磁强计的输出,采用 B-dot 磁阻尼算法,将由星箭分离产生的星体初始角速度在一定时间内阻尼到某一阈值以下,阻尼力矩由磁力矩器提供。

卫星转动动能为

$$E = \frac{1}{2}(\boldsymbol{\omega}_{bi})^T \boldsymbol{I}\boldsymbol{\omega}_{bi} \tag{3.16}$$

仅有磁控作用下,卫星动能变化率为

$$\dot{E} = (\boldsymbol{\omega}_{bi})^T \boldsymbol{T}_t \tag{3.17}$$

式中,$\boldsymbol{T}_t$ 为磁力矩器产生的磁控力矩。

若系统最终稳定,要求 $\dot{E}<0$,有

$$\dot{E} = (\boldsymbol{\omega}_{bi})^T \boldsymbol{T}_t = (\boldsymbol{\omega}_{bi})^T (\boldsymbol{M} \times \boldsymbol{B}_b) < 0 \tag{3.18}$$

式中,$\boldsymbol{B}_b$ 为地磁矢量在卫星星体坐标系的投影,可由磁强计测量计算给出。

为满足上述条件,磁矩设计为

$$\boldsymbol{M} = -K_{Mm}(\boldsymbol{B}_b \times \boldsymbol{\omega}_{bi}) \tag{3.19}$$

式中,K_{Mm} 为阻尼系数。

轨道平面内,地磁场强度矢量 $\boldsymbol{B}_b$ 按照轨道角速度 $\boldsymbol{\omega}_{oi}$ 的大小而变化,而 $\boldsymbol{\omega}_{oi} \ll \boldsymbol{\omega}_{bi}$,则有

$$\frac{d_i\boldsymbol{B}_b}{dt} = \frac{\partial_b\boldsymbol{B}_b}{\partial t} + \boldsymbol{\omega}_{bi} \times \boldsymbol{B}_b = \dot{\boldsymbol{B}}_b + \boldsymbol{\omega}_{bi} \times \boldsymbol{B}_b \approx 0 \tag{3.20}$$

可得

$$\dot{\boldsymbol{B}}_b = \boldsymbol{B}_b \times \boldsymbol{\omega}_{bi} \tag{3.21}$$

由此可得期望的磁矩为

$$\boldsymbol{M} = \frac{-K_{Mm}\dot{\boldsymbol{B}}_b}{\|\boldsymbol{B}_b\|} \tag{3.22}$$

且

$$\dot{\boldsymbol{B}}_b = \frac{\boldsymbol{B}_{b1} - \boldsymbol{B}_{b0}}{p \cdot T} \tag{3.23}$$

式中,$\boldsymbol{B}_{b1}$ 为本控制周期的地磁场强度;$\boldsymbol{B}_{b0}$ 为上一控制周期的地磁场强度;p 为磁控周期系数;T 为控制周期。到这里已设计出速率阻尼阶段的姿态控制器,给定了磁力矩器的期望输出磁矩。

(2) 三轴稳定控制器

利用动量轮控制卫星姿态以实现三轴稳定,磁力矩器用于为动量轮卸载。控制律采用 PID 控制,控制器可设计为

$$T_c = k_p \boldsymbol{\theta} + k_i \int_0^t \boldsymbol{\theta} \mathrm{d}t + k_d \boldsymbol{\omega}_{bi} \qquad (3.24)$$

式中,$\boldsymbol{\theta} = [\varphi, \theta, \psi]^T$ 为卫星本体系相对于惯性系的欧拉角;k_p, k_i, k_d 为控制参数。

接下来进行控制力矩的分配,卫星的动量轮采用"三正交"安装方式(见图 3.28)。为防止动量轮过零时的摩擦干扰对其影响,并在故障时可以快速完成系统重构,三个动量轮均采用偏置动量轮,平均角动量为一个偏置值(标称转速)。

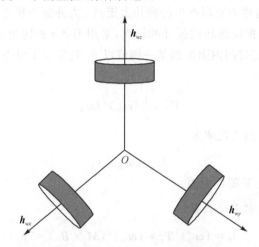

图 3.28 "三正交"动量轮构型

如图 3.28 所示,设定三个动量轮的安装矩阵为

$$C_{MW} = \begin{bmatrix} 1 & 0 & 0 \\ 0 & 1 & 0 \\ 0 & 0 & 1 \end{bmatrix} \qquad (3.25)$$

由于控制器的控制周期较短,动力学方程(3.15)中的 $\boldsymbol{\omega}_{bi} \times (I\boldsymbol{\omega}_{bi} + \boldsymbol{h}_w)$ 项在控制周期内是一个常值,因此可以实现系统的解耦控制。期望动量轮系输出的三轴控制力矩 $\boldsymbol{T}_1 = [T_x, T_y, T_z]$ 可以写为

$$\boldsymbol{T}_1 = \boldsymbol{T}_c + \boldsymbol{\omega}_{bi} \times (I\boldsymbol{\omega}_{bi} + \boldsymbol{h}_w) \qquad (3.26)$$

动量轮系分配到的控制力矩 $\boldsymbol{T}_w = [T_{w1}, T_{w2}, T_{w3}]^T$ 为

$$\boldsymbol{T}_w = C_{MW}^{-1} \boldsymbol{T}_1 \qquad (3.27)$$

动量轮系的当前测量角动量在卫星本体坐标系的投影为

$$\boldsymbol{h}_w = C_{MW} \boldsymbol{h}_{cw} \qquad (3.28)$$

其中,动量轮系的当前测量角动量为 $\boldsymbol{h}_{cw} = [h_{cw1}, h_{cw2}, h_{cw3}]^T$。

动量轮系的目标角动量(偏置值)在卫星本体坐标系的投影为

$$\boldsymbol{h}_{Tw} = C_{MW} \boldsymbol{h}_{tw} \qquad (3.29)$$

其中,动量轮系的目标角动量为 $\boldsymbol{h}_{tw} = [h_{tw1}, h_{tw2}, h_{tw3}]^T$。

为避免动量轮转速因饱和而造成卫星姿态失控,须利用磁力矩器对动量轮进行卸载,保证动量轮转速保持在标称值附近。

动量轮系测量角动量和目标角动量之间的差值为 $\Delta\boldsymbol{h}_w$,即

$$\Delta\boldsymbol{h}_w = \boldsymbol{h}_w - \boldsymbol{h}_{Tw} \qquad (3.30)$$

期望磁力矩器的磁矩为

$$\boldsymbol{M} = -K_{PM} \frac{\boldsymbol{B}_b \times \Delta \boldsymbol{h}_w}{\parallel \boldsymbol{B}_b \parallel^2} \qquad (3.31)$$

式中，K_{PM} 为卸载系数。

星体系下的地磁矢量 $\boldsymbol{B}_b$ 和误差角动量 $\Delta \boldsymbol{h}_w$ 的夹角为

$$\alpha_{BW} = -\frac{\boldsymbol{B}_b \cdot \Delta \boldsymbol{h}_w}{\parallel \boldsymbol{B}_b \parallel \parallel \Delta \boldsymbol{h}_w \parallel} \qquad (3.32)$$

由于地磁矢量的约束，当 $\alpha_{BW} \leqslant 45°$ 时，令磁力矩器不产生磁矩。磁力矩器产生的磁控力矩可以表示为

$$\boldsymbol{T}_t = \boldsymbol{M} \times \boldsymbol{B}_b = \begin{bmatrix} M_y B_{bz} - M_z B_{by} \\ M_z B_{bx} - M_x B_{bz} \\ M_x B_{by} - M_y B_{bx} \end{bmatrix} \qquad (3.33)$$

到这里已设计出三轴稳定阶段的姿态控制器，并将所需控制力矩分配给三轴动量轮，同时给定了磁力矩器的磁卸载控制律。

2. MATLAB/Simulink 仿真简介

Simulink 是 MATLAB 软件的扩展，是实现动态系统建模和仿真的一个软件包，与 MATLAB 语言主要区别在于它与用户交互接口是基于 Windows 的模型化图形输入的，用户可以把更多精力投入到系统模型的构建而非语言的编程上，具备可视化特点[37]。

Simulink 采用模型化图形输入，其提供了一些按功能分类的基本系统模块，用户只需要知道这些模块的输入、输出及模块的功能，不必考察模块内部如何实现。通过对这些基本模块的调用，将它们连接起来就可以构成所需要的系统模型，进而进行仿真与分析。

下面简单介绍一下 Simulink 的使用界面，Simulink 的启动方式有两种（见图 3.29）：一是直接单击"Simulink"选项卡，二是在命令行窗口下输入"Simulink"命令。

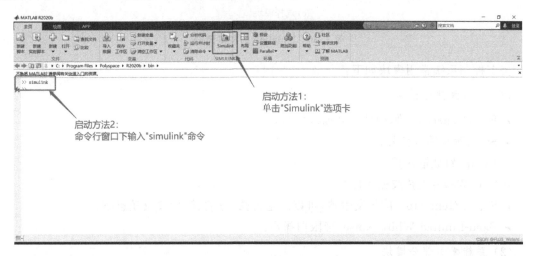

图 3.29　Simulink 的启动方式

如图 3.30 所示，单击"Blank Model"选项卡，进入 Simulink 建模界面，之后单击"Library Browser"选项卡，进入模块库，选择需要的模块拖拽到编辑建模界面即可。之后按照给定的

框图修改编辑窗口中模块的参数,一般鼠标左键双击即可打开模块参数设置,将各个模块按给定的框图连接起来,搭建所需要的系统模型。可用菜单选择或命令行窗口的输入命令进行仿真分析,在仿真的同时,可以观察仿真结果,如果发现不正确的地方,可以停止仿真,对参数进行修正。

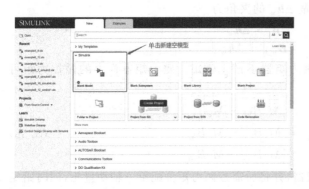

(a) 新建模型

(b) 进入模块库

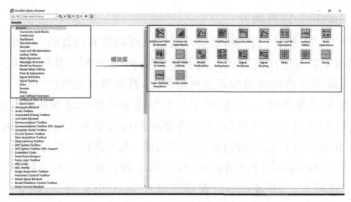

(c) 选择模块

图 3.30 Simulink 的模块选择

姿态控制系统常用模块如下:

(1) 信号源部分模块

➤ PulseGenerator:脉冲发生器输入信号;

➤ Step:阶跃输入信号;

➤ Ramp:斜坡输入信号;

➤ Sine Wave:正弦波输入信号;

➤ Signal Generator:信号发生器,可以产生正弦、方波、锯齿波及随意波;

➤ Band-Limited White Noise:带限白噪声。

(2) 系统模型部分模块

1) 连续模块(Continuous)

➤ Transfer-Fcn:传递函数模型;

➤ Zero-Pole:零极点模型;

➢ State-Space：状态空间系统型；

➢ Derivative：输入信号微分；

➢ Integrator：输入信号积分；

➢ Transport Delay：输入信号延迟一个固定时间再输出；

➢ Variable Transport Delay：输入信号延迟一个可变时间再输出。

2）数学运算模块（Math Operations）

➢ Gain：比例运算；

➢ Sign：符号函数；

➢ Abs：取绝对值；

➢ Product：乘运算；

➢ Subtract：减法；

➢ Add：加法；

➢ MinMax：最值运算；

➢ Math Function：包括指数函数、求平方、开根号等常用数学运算；

➢ Trigonometric Function：三角函数，包括正弦、余弦、正切等。

3）非连续模块（Discontinuous）

➢ Dead Zone：死区非线性；

➢ Backlash：间隙非线性；

➢ Coulomb&Viscous Friction：库仑和黏度摩擦非线性；

➢ Relay：滞环比较器，限制输出值在某一范围内变化；

➢ Saturation：饱和输出，让输出超过某一值时能够饱和。

4）离散系统模块（Discrete）

➢ Discrete Transfer-Fcn：离散传递函数模型；

➢ Discrete Zero-Pole：以零极点表示的离散传递函数模型；

➢ Discrete State-Space：离散状态空间系统型；

➢ Zero-Order Hold：零阶保持器；

➢ First-Order Hold：一阶保持器；

➢ Unit Delay：一个采样周期的延迟。

（3）输出显示部分模块

➢ Scope：示波器；

➢ Floating Scope：浮动示波器；

➢ Display：数字显示器；

➢ To File(.mat)：将输出数据写入数据文件保存；

➢ To Workspace：将输出数据写入 MATLAB 的工作空间；

➢ XY Graph：二维图形显示器；

➢ From/Go to：收发信号（成对出现）。

3. 基于 MATLAB/Simulink 的仿真实验

实验目的

➤ 掌握 MATLAB/Simulink 的使用方法；

➤ 学习姿态控制器设计的基本方法；

➤ 培养根据工程实际控制需求设计和验证姿态控制器的能力。

实验内容

➤ 复习卫星姿态动力学的相关知识；

➤ 设计卫星在相应工作模式下的姿态控制器；

➤ 编写 MATLAB/Simulink 程序，完成姿态控制系统的仿真。

实验步骤

本实验原则上要求结合第 1 章内容和第 3 章内容，建立姿态控制系统数学模型，包括各种敏感器、控制器和执行机构的数学模型，以及卫星本体动力学和干扰力矩的数学模型，并在 MATLAB/Simulink 中编写可视化程序并进行模型验证、稳定性分析和系统性能的数值仿真，在反复迭代和优化过程中最终确定姿态控制算法和完成系统的方案设计。具体实验步骤可以简化如下：

① 建立卫星姿态动力学数学模型；

② 可以参照本小节所给速率阻尼工作模式下的姿态控制器设计案例和三轴稳定模式下的姿态控制器设计案例，设计一种或几种工作模式下的姿态控制器，并给出数学表达式；

③ 在 MATLAB/Simulink 中编写可视化程序，完成姿态控制系统的数值仿真，根据仿真结果优化姿态控制器。

下面给出一个卫星姿态动力学与控制的数值仿真实例，以供参考。首先在 MATLAB 中建立后缀为 .m 的初始化文件，其内具体程序如下：

```
clc;
clear;
I = diag([0.5,0.8,0.2]);                    % 卫星转动惯量
kp = diag([-20;-20;-20]);                   % 姿态控制器比例参数
kd = diag([-10;-10;-10]);                   % 姿态控制器微分参数
W0 = [1;-1;0.8] * pi/180;                   % 卫星初始角速度
Eu0 = [-20;10;25] * pi/180;                 % 卫星初始欧拉角
q0 = angle2quat(Eu0(1),Eu0(2),Eu0(3));      % 卫星初始四元数
```

之后在同一文件夹下建立后缀为 .slx 的 Simulink 文件，其内具体模型如图 3.31 所示。

如图 3.31 所示，姿态动力学和姿态运动学模型采用姿态角速度和四元数的形式描述，所设计的姿态控制器为 PD 控制器。Simulink 模型中 MATLAB Function 模块内的具体程序如下所示。

```
姿态动力学
functiondW = fcn(I,WIW,Tc,Td)         % 求角速度的导数
dW = inv(I) * (Tc + Td - WIW);        % I 为转动惯量;Tc 为控制力矩;Td 为干扰力矩
end


姿态运动学
functiondQ = Quaternion(W, Q)         % 求四元数的导数
q0 = Q(1);                            % 四元数
```

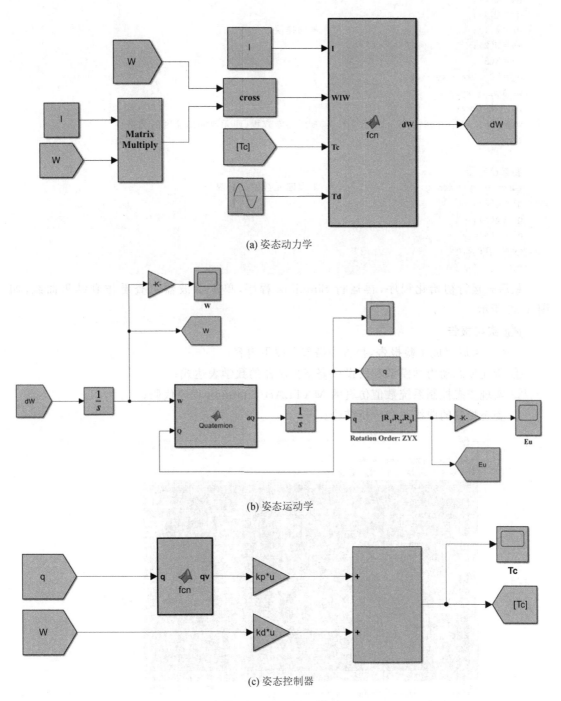

(a) 姿态动力学

(b) 姿态运动学

(c) 姿态控制器

图 3.31　Simulink 模型

```
q1 = Q(2);
q2 = Q(3);
q3 = Q(4);
wx = W(1);                              % 角速度
wy = W(2);
wz = W(3);
dQ = [0 − wx − wy − wz;
wx 0 wz − wy;
wy − wz 0 wx;
wz wy − wx 0 ] * [q0; q1; q2; q3]/2;    % 运动学方程(四元数和角速度的关系)
end

姿态控制器
function qv = fcn(q)                    % 取四元数的矢量部分
q1 = q(2);
q2 = q(3);
q3 = q(4);
qv = [q1;q2;q3];
end
```

最后先运行初始化程序,再运行 Simulink 程序,单击示波器可查看仿真结果曲线,如图 3.32 所示。

实验报告

实验结束后完成实验报告,报告中需包含以下内容:
① 所建姿态动力学模型和所设计姿态控制器的数学表达式;
② 实现姿态控制系统数值仿真的 MATLAB/Simulink 程序代码;
③ 姿态控制的曲线图和分析结论。

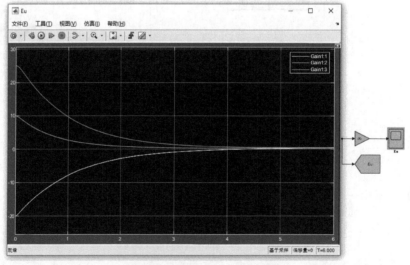

(a) 姿态角曲线

图 3.32 仿真结果曲线

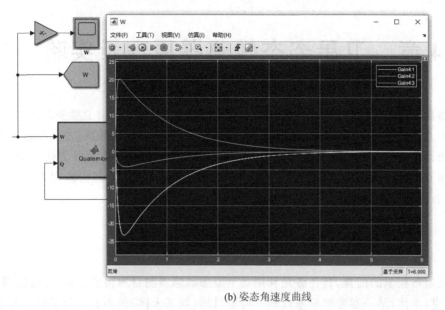

(b) 姿态角速度曲线

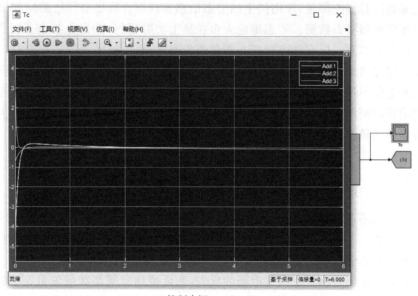

(c) 控制力矩

图 3.32　仿真结果曲线(续)

第4章　卫星姿态敏感器原理及实验

姿态敏感器是卫星姿态控制系统的测量部件,可用来测量、获取并输出卫星姿态信息。姿态敏感器可分为方向敏感器和惯性姿态敏感器,本章既介绍包括地球敏感器、太阳敏感器、恒星敏感器和磁强计在内的方向敏感器工作原理,同时也介绍以陀螺和加速度计为代表的惯性姿态敏感器工作原理。在此基础上,阐述单矢量、双矢量和多矢量卫星姿态的确定方法,并介绍太阳敏感器、磁强计和陀螺等典型姿态敏感器的接口和性能测试实验。

4.1　卫星姿态确定概述

姿态确定是姿态控制的前提,其任务是利用星上姿态敏感器测量所得的信息,经过适当的处理,来确定卫星(本体)某一参考坐标系或某一特定目标(如某天体)的姿态。为了确定姿态,首先需要进行姿态测量,即用星上的姿态敏感器获取含有姿态信息的物理量,然后对其进行数据处理以获得姿态数据。姿态确定大多在星上实时进行,为星上控制系统形成控制回路提供所需的姿态信息。但有时也把姿态测量值发回地面,由地面进行姿态确定,以实施星地大回路控制。姿态确定也有非实时的,例如返回式卫星返回地面,其携带了在轨道运行时拍摄的星空可见光星象照片,根据星象照片即可确定拍摄时刻的卫星在惯性坐标系中的姿态,根据轨道参数及拍摄时刻即可确定星体在轨道坐标系中的姿态;这种事后依据星象照片处理得到的姿态具有很高的精度。

4.2　卫星姿态敏感器原理

姿态敏感器可以用来测量星体相对于某一基准方位的姿态信息,利用这些测量信息,可以确定出星体某一轴或三轴的姿态。按照在姿态确定中功能的不同,姿态敏感器可分为两大类:方向敏感器和惯性姿态敏感器[8]。

方向敏感器是测量空间基准场的仪表,它能敏感空间基准场矢量在姿态敏感器坐标系中的分量值。方向敏感器对所获得的信息作适当的数据处理后,可获得外部参考矢量在卫星本体坐标系的分量,从而用参考矢量法来确定卫星的姿态。所以方向敏感器是一种测量卫星外部参考矢量的仪表,按其所敏感的基准场的不同可将其分为光学、无线电、磁场和力学等类型。

各种方向敏感器在原理、具体结构形式、信号及数据处理以及性能等方面存在较大的差别。最常用的光学方向敏感器包括:红外地球敏感器、太阳敏感器、恒星敏感器等。基准场的各种不确定性来自于方向敏感器的外部信号误差源,这些误差源的功率决定了敏感器的准确度,也就是使用理想特性的敏感器能达到最大准确度。在大多数情况下,外部干扰也限制了敏感器定向的准确度。敏感器内部干扰源的因素很多,诸如仪器安装的不确定性、扫描机构的机械部分的间隙、仪表支架的准确度和刚度、温度引起的结构变形、探测元件的噪声、电路放大倍数的不稳定性和电路噪声等都会对敏感器的准确度产生干扰。

惯性姿态敏感器包括不同的陀螺。陀螺中的一大类是利用高速旋转转子的轴在惯性空间指向稳定性的原理工作的,按其输出信号不同可将其分为位置陀螺(积分陀螺)及速率(微分)陀螺;按其结构不同可分为液浮陀螺、挠性陀螺(也称动力调谐陀螺)和静电陀螺等。

陀螺性能的一个重要指标是漂移,即单位时间内陀螺基准轴的角度变化量。在实际应用中,陀螺的漂移是不可避免的(干扰力矩的存在、电子线路的零漂及噪声和频率检测误差等)。随着时间的增加,漂移所造成的姿态确定误差也将逐渐增加,所以惯性姿态敏感器在实际使用中不宜长时间单独使用,需要经常用外部参考矢量的测量来修正。惯性姿态敏感器在短期使用中具有相当高的精度,特别是在作姿态机动时,能在星上自主地确定姿态的变化过程,这是它的一个主要优点。

在工程上姿态敏感器的种类有很多,而小卫星质量轻、功耗小的特点也对姿态敏感器的选择提出了新的要求。本章主要介绍地球敏感器、太阳敏感器、恒星敏感器、三轴磁强计和惯性姿态敏感器。

4.2.1　地球敏感器

地球敏感器借助于光学手段获取卫星相对于地球的姿态信息,并输出承载此信息的仪器,地球敏感器的输出是卫星姿态确定的输入之一,其结构如图 4.1 所示。

1. 地球敏感器工作方式

地球敏感器的输出信号有多种形式,其工作框图如图 4.2 所示。地球敏感器输出的其中一种信号形式是弦宽,其定义为地球敏感器视场轴从进入到离开地球圆盘这一段时间内扫描角的增量;另一种形式是地中,其定义为地球敏感器视场轴与扫描轴决定的平面穿越地球中心的时刻。输出信号还可以直接等于对地姿态的某个分量,例如俯仰或滚动。

图 4.1　地球敏感器

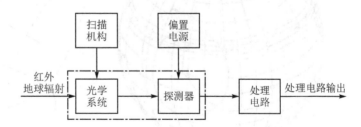

图 4.2　地球敏感器工作框图

因此,若不考虑偏航姿态分量,地球敏感器的任务可归结为确定当地垂线,也就是确定地球圆盘中心,完成此任务的基本方案有以下两个:

① 先确定地球圆盘边缘上若干点,进而确定地球圆盘中心。若将地球圆盘的轮廓视为圆,则确定其边缘上三个点即可确定其中心,此方案的实质是边缘敏感。由于常将地球圆盘边缘称为"地平",且自地球敏感器问世的较长时间内实现边缘敏感的手段都是敏感器视场对地球作扫描运动,故此方案可称为"地平扫描敏感方案"。

② 先测量覆盖地球圆盘边缘若干小块区域的辐射通量,进而确定地球圆盘中心。若将地球圆盘的辐射视为均匀,则当两个"小块区域"的辐射通量相等时地球圆盘中心必定位于此二区域中心的垂直平分线上,此方案可称为"地平热辐射平衡敏感方案"。

2. 地球敏感器分类

地球敏感器按照原理可以分为自旋扫描地球敏感器、圆锥扫描地球敏感器、摆动扫描地球敏感器和辐射平衡地球敏感器。

（1）自旋扫描地球敏感器

自旋扫描地球敏感器一般用于自旋稳定卫星。敏感器本身无活动部件且与卫星固连，依靠卫星的自旋运动实现红外视场对地球的扫描。当视场扫过地平圈边缘时，进入视场的辐射会发生突变，因此可以利用这种突变来敏感地平圈上的点。卫星自旋一周，视场会扫过地平圈上的两个点，这两个点间的弧称为地球弦宽。

自旋扫描地球敏感器可以测得扫入和扫出地球的时间点 (t_0, t_i)，再利用由其他敏感器测得的卫星自旋角速度 ω，可以得到地球弦宽 $\Omega = \omega(t_i - t_0)$，利用地球弦宽 Ω 可以计算出天底角 η，即天底矢量 E 与卫星自旋轴 A 的夹角，也就可以得到卫星自旋轴的方位，自旋扫描地球敏感器姿态测量的几何关系如图 4.3 所示。

（2）圆锥扫描地球敏感器

圆锥扫描地球敏感器主要用于三轴稳定卫星。圆锥地球敏感器上安装有扫描装置，扫描装置视线和扫描轴呈一定夹角。敏感器工作时，其视线在电机驱动下绕扫描轴旋转时形成一圆锥面，使其对地平圈进行扫描，在一次扫描中可两次扫过地平圈，因而可确定地平圈上的两个点，原理如图 4.4 所示。

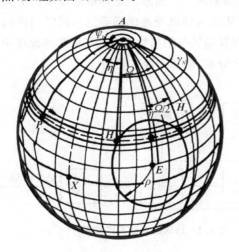 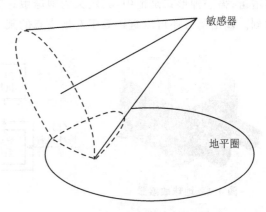

图 4.3　自旋扫描地球敏感器　　　图 4.4　圆锥扫描地球敏感器的
　　　　姿态测量的几何关系　　　　　　　工作原理示意图

圆锥扫描地球敏感器的主要优点是扫描范围宽，且易于探测到地球，因而适用于多种轨道卫星，尤其是中低轨道卫星。圆锥扫描地球敏感器基本功能是获取扫入地球点脉冲时刻、扫出地球点脉冲时刻以及基准脉冲时刻[38]。

（3）摆动扫描地球敏感器

摆动扫描地球敏感器主要用于地球同步轨道三轴稳定卫星。敏感器上安有摆动装置，可使红外视线在一定角度范围内摆动，实现对地平的扫描。摆动装置一般采用无摩擦的挠性枢轴结构,可提供一个摆动的自由度,寿命约 10 年,因而适用于长寿命卫星。

敏感器红外视线在一次扫描中扫过地平圈上两点的称为双地平扫描,只扫过一点的称为单地平扫描。图 4.5 所示摆动扫描视线对地平圈上的同一点进行方向相反的两次扫描,即从冷空间扫入地球后,很快又从同一点反方向扫出地球。这两次扫描中由于信息传输通道的时间滞后所造成的测量误差必定大小相等,符号相反。因此这一类误差很容易通过进一步处理加以消除,这是摆动扫描的一个重要优点。双地平扫描由于摆动范围大,结构比较复杂,实现起来比较困难,此处不做过多介绍。

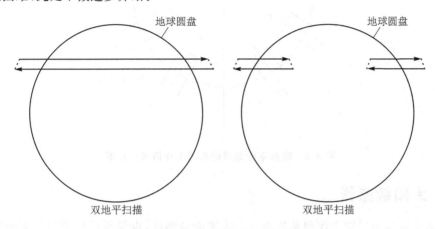

图 4.5　摆动扫描地球敏感器的两种类型

一次单地平扫描只能确定地平圈上的一点,因此单地平扫描地球敏感器至少应有三个视场,一般情况下设计有四个视场,这样的敏感器只需一个就可确定两轴姿态。通常设计是使红外视线沿着南北纬 45° 的路径对地平进行扫描,获得冷空间到地平及地平到冷空间的地平穿越信号。经处理后,与内部设置的与卫星有固连关系的基准信号进行比较,再经逻辑电路处理后即可得到卫星的姿态信息[39]。

（4）辐射平衡地球敏感器

辐射平衡地球敏感器主要用于同步轨道三轴稳定卫星,且由于测量范围的限制,它只适用于圆轨道卫星。其主要优点是没有运动部件,寿命长、可靠性高。在辐射平衡地球敏感器上设有多个相等的视场,可覆盖地平圈上多个小块区域,一般呈对称均匀分布,如图 4.6 所示。单个视场的特点是一部分覆盖冷空间,一部分覆盖热地平。视场的视线束和敏感器轴线有固定且相等的夹角,每个视场各自有独立的电信号通道;单个视场对地平点的敏感是依靠和该视场对称位置的另一视场所接收的热辐射能产生的电信号的平衡来实现的。

辐射平衡地球敏感器的缺点是测量范围窄。当姿态变化使某个视场不再覆盖地球与冷空间的边界时,敏感器输出就不再能正确反映姿态。因此,辐射平衡地球敏感器的姿态测量范围取决于其视场的大小,但由于视场的增大受到了较多限制,因此敏感器测量范围的扩展是有限的。

除依据地球敏感器的测量原理分类外,按照信号处理方式可以将地球敏感器分为数字式红外地球敏感器、模拟式红外地球敏感器两种类型。

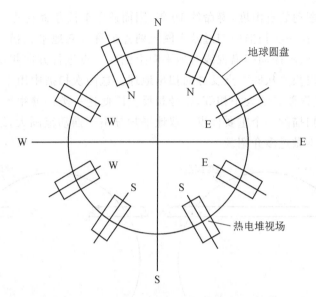

图 4.6　辐射平衡地球敏感器工作原理示意图

4.2.2　太阳敏感器

太阳敏感器是卫星姿态控制系统的一个重要测量部件,也是最早用于卫星姿态测量的光学姿态敏感器,其实物图如图 4.7 所示。

1. 太阳敏感器工作原理及特点

太阳敏感器是通过敏感太阳光而获得卫星姿态信息的仪器,它具有光学机械装置,可以对于测量需求给予适当的视场限定,有时甚至波段限定。同时太阳敏感器还配有信号处理电路,使姿态信息具有一定的精度,可以更好被星上计算机利用。对于自旋卫星而言,还可以通过太阳敏感器获得卫星自旋速率和相位信息。

图 4.7　太阳敏感器实物图

太阳敏感器主要特点包括:

① 在卫星上测得的太阳视直径比地球上测得的小得多,因此比地球敏感器容易实现高精度;

② 太阳辐射强,所以比恒星敏感器信号处理方便,结构更为简单;

③ 当太阳被地球挡住时,卫星就"看"不到太阳,此时太阳敏感器无法起到作用,而且从阴影区出来时环境变化较大,对太阳敏感器的工作有不利影响[40]。

2. 太阳敏感器分类

目前通用的太阳敏感器可以按照敏感器的输出相对于输入太阳角的变化规律或函数是否是连续分为两大类:模拟式太阳敏感器和数字式太阳敏感器。模拟式太阳敏感器的探头输出信号是太阳角变化的连续函数;数字式太阳敏感器的探头输出信号是离散的编码数字信号,且不连续。

太阳敏感器中有一类称为太阳出现式敏感器,每当太阳位于其视场内,它就提供一个恒定的输出信号,有时也称它"0-1"式敏感器。每当太阳在其视场范围内,敏感器输出"1";在其视场范围之外,则敏感器输出"0",但是这个"0""1"信号也是电路处理的结果,其探头的输出仍然是太阳角的连续函数。所以,仍把它归类于模拟式太阳敏感器。

3. 模拟式太阳敏感器

（1）余弦式太阳敏感器

余弦式太阳敏感器是模拟式太阳敏感器中较简单的一种,一般常用的探测器为硅太阳电池,如图 4.8 所示。单位法线为 n,太阳光矢量与其夹角为 θ,在太阳电池表面 $\mathrm{d}A$ 上接受的光通量为

$$E = \boldsymbol{P} \cdot \boldsymbol{n} \cdot \mathrm{d}A \tag{4.1}$$

式中,$\boldsymbol{P}$ 为 Poynting 矢量,E 为太阳光入射角 θ 的余弦函数。

太阳电池的短路电流输出为

$$I(\theta) = I(0)\cos\theta \tag{4.2}$$

式中,$I(\theta)$ 和 $I(0)$ 是在入射角分别为 θ 和 $0°$ 时太阳电池的短路电流(式(4.2)中未考虑在电池表面上产生的反射损失和传输损失)。

余弦式太阳敏感器可以用来测角,但其精度较粗,常用来检测太阳是否在其视场范围内,即为 4.2.2 小节中所说的太阳出现敏感器;其电路的输出仅有"0"或"1"的形式。余弦式太阳敏感器探测角度大时,其探头输出急

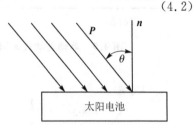

图 4.8 余弦式太阳敏感器

剧变小,而视场范围扩大有所限制,故常用几个探头来组成较大的视场;在大视场范围内捕获太阳时常用到这类敏感器。

（2）差动式太阳敏感器

差动式太阳敏感器是对简单的余弦式太阳敏感器的改进,它可使敏感器的输出不受共模性质因素的影响,通常由两个或四个太阳电池组成单轴差动式敏感器组成,如图 4.9 所示。同时,为了提高差动式太阳敏感器的灵敏度,可采用多种措施,如加挡板或掩膜、在光路上加棱镜或光楔等。

（3）窄缝式太阳敏感器

自旋卫星上应用的太阳敏感器中经常采用窄缝式结构的探头,这种探头由两条窄缝和一个太阳电池组成,如图 4.10 所示。太阳敏感器前面的窄缝为入口前缝,后底面紧贴太阳电池,两条缝的中心线在同一平面内,其中平行卫星自旋轴的窄缝平面称为基准平面或指令平面。卫星自旋时,该平面每扫过太阳一次,太阳敏感器就输出一个脉冲信号,此信号可作为决定自旋速率和相位的基准。由原理可看出,窄缝式太阳敏感器有两个视场:一个是垂直指令平面的窄视场,另一个是位于指令平面的宽视场。在这个宽视场上,其类似于余弦式太阳敏感器。

4. 数字式太阳敏感器

（1）码盘式太阳敏感器

码盘式太阳敏感器目前应用比较广泛,既适用于三轴稳定卫星,又适用于自旋稳定卫星;且视场大,精度可以从 0.5° 到几十角秒,工作原理如图 4.11 所示。

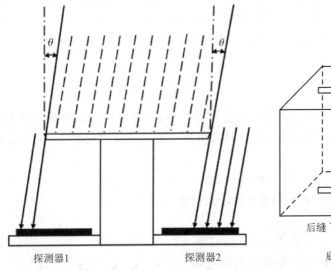

图 4.9 单轴差动式太阳敏感器

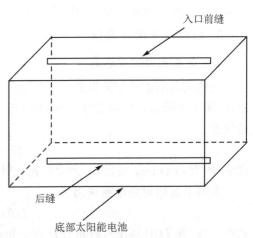

图 4.10 窄缝式太阳敏感器

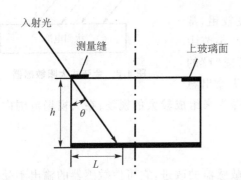

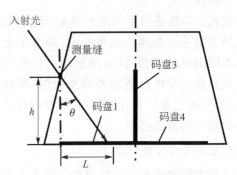

图 4.11 码盘式太阳敏感器工作原理

（2）阵列式太阳敏感器

虽然码盘式太阳敏感器优点很多，但因为目前都应用硅太阳电池作为探测器，而码盘与太阳电池靠黏接等工艺实现，使得太阳电池的大小受到限制。此外，处理电路也较难与探测器紧凑结合在一起。所以近年来，结构更加紧凑的阵列式太阳敏感器（见图 4.12）逐渐发展起来。

阵列是指利用集成技术将较多的光敏二极管有规则地排列制作在单一的基片上，可以较大程度上减小太阳敏感器的体积。由于一般像素都是等距离刻度的，当将其应用于小视场测角时，可获

图 4.12 阵列式太阳敏感器

得较高精度的测量结果，而应用于大视场测角时，由于太阳像的线位移与太阳角的非线性关系，输出数字一般要经过换算才能确切代表太阳角的度量。

4.2.3　恒星敏感器

1. 恒星敏感器功能和特点

恒星敏感器是卫星姿态控制系统的一个十分重要的组成部分,它为系统提供卫星姿态数据,此数据可用来修正陀螺漂移数据。恒星敏感器通过敏感恒星辐射来测定卫星相对于天球坐标系的三轴姿态,因此至少需要两颗恒星的数据。

恒星敏感器的主要特点如下:

① 精度高。由于恒星的张角很小(如天狼星张角是 0.006 8″),即使张角很大的心宿二,其张角也只有 0.04″,可以将其认为是点光源目标;而且光源具有高精度的位置稳定性,因此它的测姿精度可以很高。中等精度的恒星敏感器精度达 10″左右,高精度恒星敏感器可达 1″或更高。

② 信号弱。恒星光是弱光,零等星(视星等)的照度只有 2.1×10^{-6} lx 左右,所以杂散光干扰是一个严重问题。

③ 需要恒星识别。恒星数量非常庞大,亮于视星等+6 等的恒星,全天球有五千多颗,与太阳、月球、地球不同,作为参考天体都只有一个。因此必须进行恒星识别,而且要接近于实时识别,这是恒星敏感器的技术难点之一。

④ 能提供三轴姿态信号。只要能测到两颗以上(包括两颗)的恒星数据即可。但为保证精度,常在一个航天器上装两个恒星敏感器,其敏感轴的夹角最好为 90°(此时误差最小)[41]。

2. 恒星敏感器的分类

各种类型恒星敏感器的出现与卫星姿态控制系统的发展、探测器的发展以及恒星敏感器本身的发展密切相关,它们出现在不同的历史时期。最早期的是机械跟踪式恒星敏感器;后来是适用于自旋稳定卫星的穿越式恒星敏感器;随着三轴稳定卫星的发展与成熟,广泛应用的是固定探头式恒星敏感器。下面分别简单介绍这三种恒星敏感器:

(1) 机械跟踪式恒星敏感器

机械跟踪式恒星敏感器包括光学系统、成像装置、探测器、电子线路、两自由度框架、角编码器和伺服机构等,其结构简图如图 4.13 所示。机械跟踪式恒星敏感器使目标星通过光学系统、成像装置(如调制盘)在探测器上成像,再配以合适的电子线路,检测出星象在瞬时视场中的方位和大小,并驱动伺服机构使框架转动,将目标星的图像保持在瞬时视场中心。根据目标星的识别和框架转角的大小和方向,从而确定卫星的姿态。

机械跟踪式恒星敏感器的主要特点是瞬时视场小,而跟踪视场大;利用框架运动扩展了跟踪视场,但引入了机械可动部件,其可靠性较低,只可跟踪一颗星;机械运动使敏感器结构更为复杂,其可靠性降低。

(2) 穿越式恒星敏感器

穿越式恒星敏感器包括光学系统、成像装置(如狭缝)、探测器和电子线路等,其结构简图如图 4.14 所示。

穿越式恒星敏感器常用在自旋卫星上,随着卫星的自旋,敏感器完成对天球的扫描。当恒星穿过它的狭缝视场时,该恒星可被探测器敏感出来,同时可借助合适的电子线路检测出恒星穿越的时间和信号的幅度。根据对该恒星的预测、识别和电子线路给出的信息,可确定卫星的姿态。

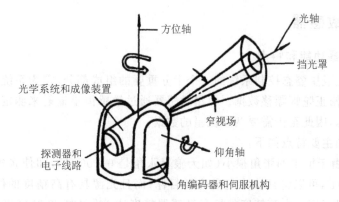

图 4.13　机械跟踪式恒星敏感器结构简图

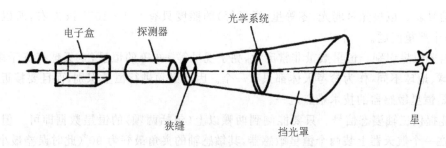

图 4.14　穿越式恒星敏感器结构简图

穿越式恒星敏感器的特点是:具有几个不平行的扇形视场,姿态信息包含在穿越时刻中;结构简单、没有机械可动部件,可靠性较高,但扫描角速度过低时信噪比会大大降低,噪声和干扰问题较为严重。

(3) 固定探头式恒星敏感器

固定探头式恒星敏感器的组成和穿越式恒星敏感器类似,其工作原理是利用电子扫描搜索视场、捕获和跟踪目标星,由光学系统、探测器(多用析像管或电荷耦合器件(CCD))和电子线路盒等组成。但其没有成像装置,且电子线路盒较为复杂,图 4.15 所示为利用析像管作为探测器的固定探头式恒星敏感器的结构简图。

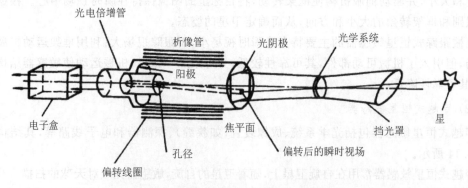

图 4.15　固定探头式恒星敏感器结构简图(使用析像管作为探测器)

固定探头式恒星敏感器的主要特点是:具有锥形视场,能确定视场内各星像的方位;没有机械可动部件,从而增加了平均无故障时间。

4.2.4　三轴磁强计

1. 磁强计工作原理及分类

地球磁场对于地球是相对固定的,即地球磁场中任一点磁感应强度的大小和方向是相对固定的。因此,若能测出卫星所在位置的地球磁场矢量在卫星本体坐标系中的三个分量,则在卫星位置已知的前提下,就可以确定卫星相对于地球的姿态。地磁敏感器就是这样一种能测出地球磁场相对于卫星本体方向的姿态敏感器。地磁敏感器是一种特殊的磁强计,它可以测量外部磁场矢量,作为卫星姿态确定的输入之一。

磁强计按工作原理可分为两大类:第一类是感应式磁强计,其物理基础是电磁感应;第二类是量子式磁强计,其物理基础是塞曼分裂或核磁共振等基本原子特征。

感应式磁强计的两个重要类别是搜索线圈式磁强计和磁通门式磁强计。搜索线圈式磁强计的主体是一个线圈,其两端的感应电势正比于外磁场在线圈轴方向分量的变化率。基于该工作原理,搜索线圈式磁强计只能在自旋卫星上工作。量子式磁强计有许多种,其中有的由于不能测量磁场方向而从根本上不能用为卫星姿态敏感器,有的则由于质量和功耗过大而不适于用作为卫星姿态敏感器。因此,磁通门式磁强计是卫星地磁敏感器的主要类型[42]。

2. 磁通门式磁强计

磁通门式磁强计由探头和线路构成。探头的原理如图 4.16 所示,它由两个磁芯、一个初级线圈和一个次级线圈组成。

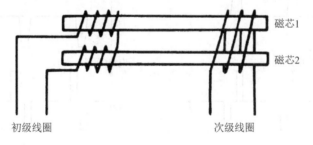

磁芯1

磁芯2

初级线圈　　　　　　　　　　次级线圈

图 4.16　探头原理图

磁芯通过初级线圈被施加激磁,初级线圈的绕法使两个磁芯中磁通的方向相反,激磁的波形应能使磁芯中的磁通以恒定速率上升和下降,激磁的大小则应能使磁芯在无外部磁场("零位"状态)时在两个方向均达到饱和。这样,在"零位"状态下,两个磁芯中的磁通(激磁磁通)都将呈正、负半周等宽的梯形波。若将正向设为右向,则两个磁芯中的磁通的相位互差 180°,如图 4.17 所示。

一个不随时间变化的外部磁场对磁芯中的磁通起到了偏置作用。由于两个磁芯中的激磁磁通相位互差 180°,外部磁场使两个磁芯的偏置具有不同的性质。当外部磁场为正向时,两个磁芯中的磁通都是正半周变宽而负半周变窄,但两者较宽的半周和较窄的半周互差 180°,如图 4.18(a)所示。当外部磁场为负向时,两个磁芯中的磁通都是负半周变宽而正半周变窄,但两者较宽的半周和较窄的半周互差 180°,如图 4.18(b)所示。次级线圈的磁通是两个磁芯

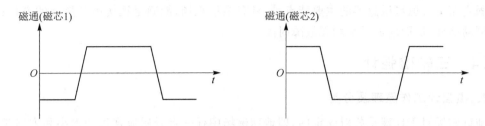

图 4.17 "零位"下两个磁芯中磁通波形

中的磁通之和,在"零位"状态下,由于两个磁芯中的磁通波形相同,振幅相等,相位互差180°,故两者之和的瞬时值等于零。有外部磁场时,两个磁芯中磁通之和不等于零。具体波形如图4.18(a)和(b)所示(分别对应于外部磁场为正向和负向)。

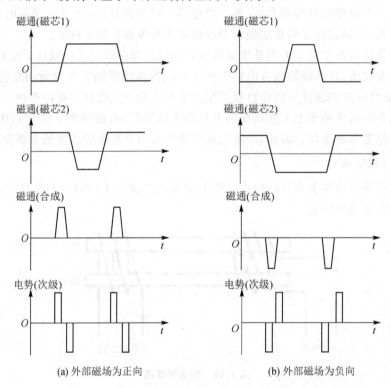

(a) 外部磁场为正向   (b) 外部磁场为负向

图 4.18 有外部磁场时的有关波形

由图4.18(a)和(b)可见,两个磁芯中磁通之和(合成磁通)具有以下性质:

① 合成磁通亦呈梯形波;

② 此梯形波的频率是激磁磁通的频率的2倍;

③ 外部磁场为正向(右向)时,合成磁通的瞬时值均为正(以右向为正向);外部磁场为负向时,合成磁通的瞬时值均为负;

④ 合成磁通的峰峰值随外部磁场的增强而变大。

可见,合成磁通波形的极性和峰峰值分别包含了外部磁场方向和大小的信息。次级线圈的感应电势(合成磁通的导数)为正负相间的脉冲,其相位和宽度分别包含了外部磁场方向和大小的信息,如图4.18(a)和(b)所示。

以上是磁通门式磁强计探头的工作原理。利用敏感轴彼此正交安装的 3 个磁通门式磁强计,就可测定外部磁场矢量的 3 个分量[43]。

3. 磁强计的应用特点

磁通门式磁强计具有无活动部件、可靠性较高、质量较小、功耗较低、工作温度范围宽等优点。但也有其局限性,首先,磁强计直接敏感的并不是卫星相对于地球,而是相对于卫星所在轨道位置的地磁场矢量的姿态,而地磁场模型和卫星的轨道位置并不都是完全精确的;其次,地球磁场的强度随轨道高度的增加而剧烈减小,而这决定了地磁敏感器用于高轨道卫星时其精度将显著降低;最后,卫星自身存在一定的磁矩,是地磁敏感器的干扰源,为减小由这种干扰造成的误差,常将地磁敏感器远离卫星质心安装,但也增大了安装误差,从而使定姿精度降低。

尽管上述局限性使地磁敏感器很难跻身于主流卫星姿态敏感器中,它却在另一个方面得到了应用,即作为以磁力矩器为执行机构的控制系统的辅助敏感器。作为卫星姿态控制执行机构类型之一的磁力矩器,借助于自身电流和地磁场之间的相互作用而产生姿态控制力矩,决定此控制力矩大小和方向的因素之一是当地地磁场的大小和方向,当卫星姿态控制系统根据姿态确定结果(借助于地磁敏感器以外的姿态敏感器)决定了应产生的控制力矩大小和方向时,只有当地地磁场的大小和方向已知,控制系统才能精确确定应加到磁力矩器的输入信号的数值。地磁敏感器可以起到向控制系统提供当地地磁场大小和方向的作用。

地磁姿态敏感器由于其系统简单、经济、可靠等优点,尽管其精度低,但十分适用于对姿态测量精度要求不高的卫星。此外,对于姿态测量精度要求较高的卫星中,它可以作为一种应急备份的姿态敏感器,为控制系统提供一种冗余的姿态测量手段。

4.2.5　惯性姿态敏感器

1. 惯性姿态敏感器概述

惯性导航是基于力学基础的惯性系统,可为载体提供相对于参考系(例如地球或其他天体)的信息,实现自主姿态测量和导航。惯性空间测量仪表主要指陀螺和加速度计,前者测量相对参考系的空间转动;后者测量相对参考系的空间平移[44]。

2. 惯性姿态敏感器分类

(1) 陀螺分类

一般认为陀螺是带有高速旋转的转子,是可以测量角速度或角位移的仪表,通常把在惯性系统中可完成角速度或角位移测量功能的装置称为陀螺。然而,使用不同原理制成可测量角速度或角位移的仪表,也叫陀螺,但会在前面冠以其特点的名字,如激光陀螺、静电陀螺、挠性陀螺等。

按制造的原理和结构不同,陀螺有不同的分类方法。按照一个陀螺测量角速度或角位移的数目可将其分为单自由度陀螺和二自由度陀螺。对框架陀螺而言,其框架(安装高速旋转转子的装置)有一个转动自由度,单自由度陀螺可以测量绕一个轴的角速度或角位移。所以同样可以将其定义为二自由度陀螺。根据陀螺所产生的动量矩的形式,可以分为无动量矩、线动量矩和角动量矩。表 4.1 列出了陀螺的分类情况[45]。

表 4.1 陀螺分类

自由度数	动量矩形式	框架支撑形式	转子支撑形式	陀螺名称
1	角动量	浮液＋宝石轴承	滚珠,动压气浮	单自由度液浮陀螺
		浮液＋宝石轴承	滚珠轴承	单自由度液浮陀螺
		浮液＋宝石轴承＋磁悬浮	动压气体轴承	单自由度三浮陀螺
		静压气浮轴承	滚珠轴承	单自由度静压气浮陀螺
		静压液浮轴承	动压气体轴承	单自由度静压液浮陀螺
	线动量	—		音叉、压电陀螺
	无动量	—		粒子、激光陀螺
2	角动量	滚珠轴承	滚珠轴承	二自由度陀螺
		浮液＋宝石轴承	滚珠,动压轴承	二自由度液浮陀螺
		挠性轴承	滚珠	二自由度挠性陀螺
		动压气体轴承		二自由度动压陀螺
		静电支撑		二自由度静压陀螺
	无动量	—		粒子陀螺

（2）加速度计分类

加速度计测量运动物体沿一定方向的比力（作用在单位质量上的引力与运动加速度所产生的惯性力的合力），然后将其转换成适当的电信号送至惯性系统。加速度计可以按照不同的方式进行分类。例如,按输出与输入的关系可以分为加速度计（其输出正比于加速度输入）、积分加速度计（其输出正比于加速度输入的积分值）以及二次积分加速度计（其输出正比于加速度的二次积分值）。按工作的物理原理通常将其分为摆式和非摆式两类;摆式加速度计分为液浮摆式加速度计、挠性摆式加速度计和摆式积分陀螺加速度计;非摆式加速度计分为振弦加速度计和静电加速度计。

4.3 卫星姿态确定方法

卫星姿态确定的基本问题是确定固连于星体的坐标系 $O_b x_b y_b z_b$ 在参考坐标系 $Oxyz$ 中的姿态参数,或者是确定固连于 $O_b x_b y_b z_b$ 的某一单位矢量在 $Oxyz$ 中的（球面）坐标;前者称为三轴姿态确定,后者称为单轴姿态确定。参考坐标系 $Oxyz$ 可以是卫星质心惯性坐标系,也可以是轨道坐标系或其他坐标系。姿态确定方法基本上可分为参考矢量法、惯性测量法及状态估计法等[44]。

4.3.1 参考矢量法

对于卫星来说,获得可直接反映 $O_b x_b y_b z_b$ 坐标系和参考坐标系 $Oxyz$ 之间定向关系的物理量是很困难的。而参考坐标系 $Oxyz$ 的坐标轴的定义通常是理论上的,为了确定 $Oxyz$ 坐标轴本身,需要进行复杂的测量与计算。例如,若参考坐标系为地心惯性坐标系,则为确定北极轴、春分点的指向就需要一套复杂的天文测量及计算。

因此,为简化测量和计算,在实际实用上常常通过参考矢量来建立 $O_bx_by_bz_b$ 在 $Oxyz$ 中的姿态关系。所谓参考矢量(一般为单位矢量)指的是这样的矢量 S,该矢量在 $Oxyz$ 中的方位或者其坐标是已知的,而它在 $O_bx_by_bz_b$ 中的位置或坐标可以用卫星中的姿态敏感器测量确定(也可能是 S 的某一坐标分量可以确定)。设 $Oxyz$ 坐标系中有已知的两个不共线的参考矢量 S_1、S_2,如果在某瞬时 t 能够测得它们在 $O_bx_by_bz_b$ 坐标系中的位置,由此就能确定此瞬时 $O_bx_by_bz_b$ 在 $Oxyz$ 中的姿态。

参考矢量法是姿态测量和姿态确定的最基本方法之一,卫星姿态初值的确定、卫星姿态的修正等都要用到此方法,不同的参考矢量或同一参考矢量的物理量的表现形式可以是不同的。为检测这些物理量研制了各种姿态敏感器,如地球敏感器、太阳敏感器、恒星敏感器、三轴磁强计、惯性敏感器等。应用参考矢量定姿法进行姿态确定时的误差来源主要是姿态敏感器的精度和参考矢量在参考坐标系的精度,而这些精度也与卫星的轨道和位置息息相关。

1. 单参考矢量的姿态确定

单参考矢量指的只有一个参考矢量 S。假设 S 在参考坐标系 $Oxyz$ 里的方位已知,它在星体固连坐标系 $O_bx_by_bz_b$ 中的坐标或方位可由姿态敏感器测得。不妨设 S 在 $O_bx_by_bz_b$ 中的方位用 S 与 $O_bx_by_bz_b$ 轴之间的夹角 α,β,γ 来表示(见图 4.23)。但是单参考矢量测量并不能完全确定 $O_bx_by_bz_b$ 在 $Oxyz$ 中的姿态,因为此时还存在着 $O_bx_by_bz_b$ 绕 S 旋转的一个自由度。图 4.23 所示为坐标系 $O_bx_by_bz_b$ 旋转后得到的 $O_b'x_b'y_b'z_b'$(图中只表示出 $O_b'z_b'$ 轴)。

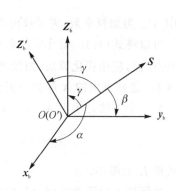

图 4.19　坐标系统单参考矢量的转动

2. 双参考矢量的姿态确定

设有两个不共线的参考矢量,它们在 $Oxyz$ 中的表示为 S_1,S_2,而在 $O_bx_by_bz_b$ 中的表示为 S_1^*,S_2^*,它们的三个分量分别组成一个单列矩阵。

记 $S_3=S_1\times S_2$,$S_3^*=S_1^*\times S_2^*$。假设 $O_bx_by_bz_b$ 在 $Oxyz$ 中的姿态矩阵为 A,则有

$$S_i^*=AS_i,\quad i=1,2,3 \tag{4.3}$$

在式(4.3)表示中,矢量可理解为单列矩阵,令 S_1,S_2,S_3 三个矢量组成了矩阵 B 的三列,即

$$B=(S_1,S_2,S_3) \tag{4.4}$$

记矩阵 B^* 为

$$B^*=(S_1^*,S_2^*,S_3^*) \tag{4.5}$$

则有

$$B^*=(S_1^*,S_2^*,S_3^*)=(AS_1,AS_2,AS_3)=A(S_1,S_2,S_3)=AB \tag{4.6}$$

由于 S_1,S_2 不共线,矩阵 B 可逆,所以有

$$A=B^*B^{-1} \tag{4.7}$$

由于 B 已知,B^* 是由测量获得的,于是由式(4.7)即可求得矩阵 A。即在不共线的双参考矢量为完全可测量且没有误差的情况下,姿态矩阵可唯一确定。

3. 多参考矢量的姿态确定

考虑有多个参考矢量,即卫星上姿态敏感器能获得多个参考矢量的测量值的情况。此时,利用某些量测量的组合可确定姿态矩阵 $\boldsymbol{A}$,但由于量测量存在误差,因此不同的量测量组合将会得到不同的姿态矩阵 $\boldsymbol{A}$,可以使用最小二乘法进行定姿。

假设有 M 个参考矢量 $\boldsymbol{S}_1, \boldsymbol{S}_2, \cdots, \boldsymbol{S}_M$,相应对于每一个参考矢量 $\boldsymbol{S}_i$,星上可以获得 N_i 个敏感器的理想输出 $\cos \alpha_{ik}^* (k = 1, 2, \cdots, N_i)$,即

$$\cos \alpha_{ik}^* = (\boldsymbol{AS}_i) \cdot \boldsymbol{\gamma}_{ik}, \quad i = 1, 2, \cdots, M, \quad k = 1, 2, \cdots, N_i \tag{4.8}$$

式中,$\boldsymbol{\gamma}_{ik}$ 为 $O_b x_b y_b z_b$ 中的一个固定的单位矢量,由于实际测量有误差 Δ_{ik},因此实际输出为 $\cos \alpha_{ik}$,有

$$\boldsymbol{AS}_i \boldsymbol{\gamma}_{ik} - \cos \alpha_{ik} = \Delta_{ik}, \quad i = 1, 2, \cdots, M, k = 1, 2, \cdots, N_i \tag{4.9}$$

现用最小二乘法来确定 $\boldsymbol{A}$ 阵的估计,令

$$L = \sum_{i=1}^{M} \sum_{k=1}^{N_i} P_{ik} (\boldsymbol{AS}_i \boldsymbol{\gamma}_{ik} - \cos \alpha_{ik})^2 \tag{4.10}$$

式中,P_{ik} 为加权系数,需要求出姿态矩阵 $\boldsymbol{A} = (a_{ij})$ 使得 L 达到极小值。

可以将式(4.10)看作欧拉角 (φ, θ, ψ) 的函数,以某一值 $(\varphi_0, \theta_0, \psi_0)$(可以使用双矢量法确定)为初值,应用优化算法(如最速下降法①)求得使 L 取得极小值的 $\varphi^*, \theta^*, \psi^*$,从而得到最佳 $\boldsymbol{A}$ 阵,这样求出的 $\boldsymbol{A}$ 阵必为正交阵。

另一个方法是求出 $\boldsymbol{A} = (a_{ij})$,使得其满足如下条件:

$$\sum_{k=1}^{3} a_{ik} a_{jk} = \delta_{ij}, \quad \delta_{ij} = \begin{cases} 0, i \neq j \\ 1, i = j \end{cases}, \quad (i, j = 1, 2, 3) \tag{4.11}$$

并使得 L 为极小。

此问题等价于求式(4.12)的无条件极值,即

$$L^* = L + \sum_{j, \alpha, \beta = 1}^{3} \lambda_{\alpha\beta} (a_{\alpha j} a_{\beta j} - \delta_{\alpha\beta}) \tag{4.12}$$

式中,$\lambda_{\alpha\beta}$ 为拉格朗日因子,$\lambda_{\alpha\beta} = \lambda_{\beta\alpha}$。若使得 L^* 为极小值,须令 $\dfrac{\partial L^*}{\partial a_{\alpha\beta}} = 0$,因此式(4.12)可简化为以下矩阵方程:

$$\sum_{i=1}^{M} \boldsymbol{B}_i \boldsymbol{A} \boldsymbol{C}_i - \boldsymbol{\Phi} + \boldsymbol{\Lambda A} = 0, \quad \boldsymbol{AA}^{\mathrm{T}} = \boldsymbol{I} \tag{4.13}$$

式中,$\boldsymbol{\Lambda} = (\lambda_{ij}), \boldsymbol{B}_i, \boldsymbol{C}_i, \boldsymbol{\Phi}$ 为已知矩阵。

求解式(4.13)过程较为复杂,因此可以采用近似解法。假设测量误差较小,则令式(4.13)中 $\boldsymbol{\Lambda} = 0$,则式(4.13)即变为 9 个未知量 $a_{ij} (i, j = 1, 2, 3)$ 的 9 个线性方程,它的解即为 (a_{ij}),但此矩阵不一定是正交阵,则需要将其标准正交化为 (a_{ij}^0),因此求 (a_{ij}^0),使得 L_0 为极小值,即

$$L_0 = \sum_{i,k=1}^{3} \left[(a_{ik}^0 - a_{ik})^2 + \lambda_{ik}^0 \sum_{j=1}^{3} (a_{ij}^{(0)} a_{kj}^{(0)} - \delta_{ki}) \right] \tag{4.14}$$

同样地,使得导数 $\dfrac{\partial L_0}{\partial a_{ik}^{(0)}}$ 以及 $\dfrac{\partial L_0}{\partial \lambda_{ik}^{(0)}}$ 为零,可以得

$$(\boldsymbol{I} + \boldsymbol{\Lambda}^0) \boldsymbol{A}^0 = \boldsymbol{A}, \quad \boldsymbol{A}^0 (\boldsymbol{A}^0)^{\mathrm{T}} = \boldsymbol{I} \tag{4.15}$$

对式(4.15)取共轭,得

$$(A^0)^{\mathrm{T}}(I + \Lambda^0) = A^{\mathrm{T}} \tag{4.16}$$

因此有

$$A^0 = (AA^{\mathrm{T}})^{-1/2} \cdot A \tag{4.17}$$

下面介绍另一种多矢量姿态确定的方法。当参考矢量的个数 $\geqslant 3$ 时,可以将参考矢量 S_i 和量测矢量 S_i^* 分为两组,即

$$S \equiv [S_1, S_2, \cdots, S_n]_{3 \times n} \tag{4.18}$$

$$S^* \equiv [S_1^*, S_2^*, \cdots, S_n^*]_{3 \times n} \tag{4.19}$$

在不考虑测量误差的情况下,显然 S, S^* 满足

$$S^* = AS \tag{4.20}$$

式(4.20)的代数解为

$$A = S^*(S^*)^{\mathrm{T}}[S(S^*)^{\mathrm{T}}]^{-1} \tag{4.21}$$

测量矢量的非平行性保证了 $S(S^*)^{\mathrm{T}}$ 的非奇异性,故式(4.21)有解。

在考虑测量误差时,式(4.20)不再成立。此时需要考虑方程 $S = GS^*$,由此代数方程求得 G 的一个伪逆解 G^*,即

$$G^* = S(S^*)^{\mathrm{T}}[S^*(S^*)^{\mathrm{T}}]^{-1} \tag{4.22}$$

G^* 不一定是正交阵,可以采用极小值指标

$$L(G) = \sum |S_i^* - (G)^{\mathrm{T}}S_i|^2 = \min \tag{4.23}$$

及正交约束条件: $GG^{\mathrm{T}} = I$,可解得一个近似最优解 G^0 为

$$G^0 = \frac{1}{2}G^*[3I - (G^*)^{\mathrm{T}}G^*] \tag{4.24}$$

则最优姿态矩阵 A^0 为

$$A^0 = (G^0)^{\mathrm{T}} \tag{4.25}$$

4.3.2　惯性测量法

参考矢量法是利用测量得到的矢量相对于星体的方位来确定星体在参考坐标系中的姿态。当不利用外部环境进行辅助测量时,可以在星体内部建立惯性基准,测量星体相对于此基准的姿态变化,这种测量方法称为惯性测量法。假如基准对于参考坐标系的方位已知,则可确定星体相对于参考坐标系的姿态。

高速旋转的陀螺转子具有对惯性空间稳定定向的特性,因此转子所具有的角动量矢量可作为所述星体的内部基准。陀螺可以敏感星体相对于惯性空间的姿态运动,故称其为惯性姿态测量敏感器。其应用大体可分为两类:位置陀螺和速率陀螺。位置陀螺的输出是星体相对于陀螺转子角动量矢量所组成的参考系的姿态,速率陀螺的输出是星体的角速度矢量在陀螺输入轴(敏感轴)方向上的分量。

惯性姿态测量可以在满足条件(已知初始姿态及已知参考坐标相对惯性空间的姿态)的一段时间内,不需外部参考矢量的测量,就能在星上完成姿态的自主确定。通常惯性姿态敏感器在短期使用时,其积分误差小、较高的精度、较小的噪声,因此常用于姿态机动及外部参考矢量不可测量时的姿态测量。

相对于其优点而言,惯性姿态测量也具有一定的缺点:① 需要卫星的初始姿态;② 若积

分时间较长,陀螺漂移所引起的姿态确定误差增大;③ 若参考坐标系 $Oxyz$ 为非惯性参考系,还需计算其相对于惯性坐标系的姿态运动等。因此,在实际应用中,常常把惯性姿态测量确定和外部参考矢量姿态确定结合使用。每一采样间隔内用惯性测量,每隔一定时间间隔用外部参考矢量测量来修正用惯性测量所获得的姿态,并用它来估计陀螺的漂移,以提高惯性测量的精度。

4.3.3 状态估计法

4.3.1 和 4.3.2 小节所述的参考矢量法和惯性测量法,可以根据姿态敏感器的一组姿态测量数据,直接确定所需的卫星姿态参数。这样的方法可称为姿态直接确定法。但由于测量数据中含有噪声及系统偏差等,所得的姿态参数往往精度不高。在实际应用中一般都采用状态估计法对姿态测量数据进行处理,这样可以显著地提高姿态确定精度。

状态估计法与前两种确定性方法的不同之处主要在于:① 需要建立测量模型和关于被估计的状态变量的动态变化模型;② 测量值一般按时间顺序逐步给出。因此状态估计一般采用递推算法,其中应用最成熟的就是递推线性最小方差算法,即卡尔曼滤波法(KF)。

设姿态矩阵为 $A(X)$,X 即为需要估计的某种姿态参数,根据姿态参数的运动学方程易得 X 的动态变化模型,即

$$\dot{X}(t) = f(\omega) \tag{4.26}$$

式中,ω 为由陀螺测得的姿态角速度,考虑到陀螺的漂移、测量噪声等非理想因素,陀螺测量值可以表示为

$$\hat{\omega} = \omega + \Delta\omega \tag{4.27}$$

式中,$\hat{\omega}$ 表示角速度的估计值,$\Delta\omega$ 为测量误差。因此状态方程(4.26)可以改写为

$$\dot{X}(t) = f(\omega - \Delta\omega) \tag{4.28}$$

由式(4.28)可见,姿态角速度被视为已知参数,而陀螺的测量噪声则表现为状态噪声在已知状态变量 X 的先验知识 X_0,以及状态噪声和观测噪声的统计特性后,根据状态方程和测量方程,采用卡尔曼滤波算法即可得到最小方差意义上的统计最优姿态估计值。

状态估计法的一大优点是被估计的变量不限于姿态参数,与定姿有关的敏感器测量误差、对准误差等也可以作为被估计量,实时对其进行估计和校正,在一定程度上减小了这些干扰因素对参数的影响、提高了定姿精度,并且在某一时刻只需要一个测量值即可。状态估计法与确定性方法相比,降低了其对硬件配置的要求,但卡尔曼滤波法的稳定性和精确性有赖于估计模型以及先验知识的精确性。

4.4 卫星敏感器接口和性能测试实验

4.4.1 太阳敏感器实验

🔧 **实验目的**
➢ 了解太阳敏感器的原理、通信方式和通信接口;
➢ 学习太阳敏感器对应调试软件和接口转换器的使用;

➢ 掌握太阳敏感器的测试方法和数据解码方法。

✍ **实验内容**

➢ 利用调试软件向太阳敏感器发送相应指令；

➢ 通过调试软件接收太阳敏感器的应答数据；

➢ 根据相应解码规则完成数据解码和分析。

✍ **实验设备**

(1) 数字式太阳敏感器

太阳敏感器是通过敏感太阳光而获得卫星姿态信息的仪器,其探头输出的信号是输入太阳角的函数离散的编码数字信号。

采用 WNDSS 型数字式太阳敏感器进行测试,其主要技术参数如表 4.2 所列。

表 4.2　WNDSS 型数字式太阳敏感器主要技术参数

工作温度范围/℃	飞行储存温度范围/℃	启动温度范围/℃
−40～+80	−60～+105	−40～+80

(2) USBCAN 接口卡

USBCAN-I 型 CAN 接口卡通过 USB 接口实现计算机与 CAN 网络的数据交互,具有外观精美、体积小巧、即插即用等优点,是开发调试、产品配套、固件升级的可靠助手。USBCAN-I 型 CAN 接口卡实物图如图 4.20 所示。

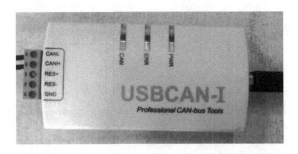

图 4.20　USBCAN-I 型 CAN 接口卡实物图

USBCAN-I 型 CAN 接口卡的引脚定义如表 4.3 所列。

表 4.3　CAN 接口引脚定义

引　脚	名　称	功　能
1	CANL	CAN0 通道 CAN_H 数据线
2	CANH	CAN0 通道 CAN_L 数据线
3	RES+	终端电阻短路端
4	RES−	终端电阻短路端
5	GND	CAN 信号地线(通常不用)

(3) 直流电源 GPD-4303S

直流电源 GPD-4303S 为多输出线性直流电源。GPD 系列提供了操作简单的面板设置,旋钮采用数字控制,可进行精细或粗略的设置。GPD-4303S 电源实物图如图 4.21 所示。

图 4.21　GPD-4303S 电源实物图

(4) 测试软件

CAN 通用测试软件 CANalyst 可以通过电脑 CAN 总线接口收发数据并予以显示,一般用于计算机与嵌入式系统的通信。CANalyst 界面如图 4.22 所示。

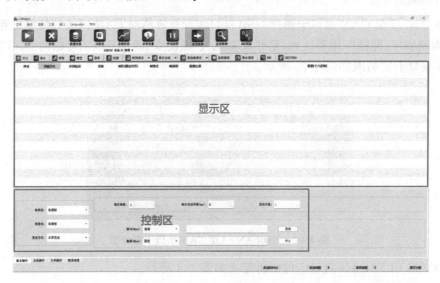

图 4.22　CANalyst 界面

📖 实验步骤

(1) 硬件连接

太阳敏感器采用异步串行通信方式(CAN),其通信接口为 CAN 接口。根据太阳敏感器的引脚定义,将电源、太阳敏感器、CAN 接口卡用杜邦线连接起来,硬件接线图如图 4.23 所示。

由图 4.23 所示可知,首先短接 CAN 接口卡 RES+ 与 RES-,即将 120 Ω 电阻接入电路。之后将太阳敏感器的引脚 1 或引脚 2 连接到电源的正极,引脚 4 或引脚 5 连接到电源的负极。将太阳敏感器的引脚 6(CANH)、引脚 7(CANL)连接到 CAN 接口卡一端的引脚 2(CANH)、

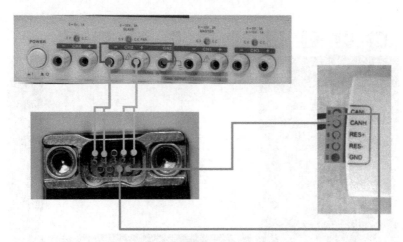

图 4.23　太阳敏感器测试接线图

引脚 1(CANL),CAN 接口卡另一端的 USB 数据线与计算机相连。设定电源电压值为 5 V,电流值为 0.03 A,按下输出按钮,为整个测试电路上电。

(2) 串口配置

下载安装 USBCAN 驱动软件,然后打开计算机设备管理器,在通用串行总线设备下选择 iTekon USBCAN Device,如图 4.24 所示。接着打开 CANalyst,选择设备 USBCAN－I,最后在 CANalyst 控制区中设定波特率为 500 Kbps,输入及输出形式为十六进制,如图 4.25 所示。

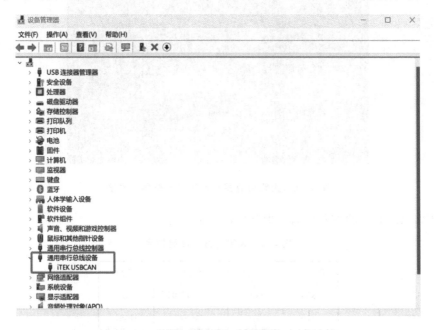

图 4.24　串口选择

(3) 太阳方向角及温度测量

太阳敏感器测量光线方位角示意图如图 4.26 所示。

图 4.25　CANalyst 软件调试

图 4.26　太阳敏感器测量光线方位角示意图

在软件 CANalyst 的控制区输入指令如表 4.4 所列。

表 4.4　太阳角方向测量指令

地　　址	长　度	指令码	校验和
0x84	0x04	0x00 10 01	0x11
1byte	1byte	3byte	1byte

在 CANalyst 的显示区接收到太阳敏感器的应答形式如图 4.27 所示。
软件返回的测量结果如表 4.5 所列。

图 4.27　软件应答

表 4.5　测量结果应答

地　址	长　度	编　号	地　址		数据有效位		方位角(α)		
0x423	08	00	0D	10	0B	40	E4	C1	16
地　址	长　度	编　号	方位角(β)				温　度	其　他	
0x423	08	01	C1	12	EF	C0	9D	00	00
地　址	长　度	编　号	其　他	校　验和					
0x84	63	02	00	SUM	—				

（4）数据处理与分析

① 如表 4.5 所列，温度的源码值为 9D，将其转换为十进制形式为 157，按照所给公式，实际温度＝测量值－128 ，即此时太阳敏感器的温度为 29 ℃。

② 如图 4.28 所示，太阳角 α 为光线在 OXZ 面投影与 Z 轴之间的夹角，当光线从＋X 方向照射时，角度为正值。太阳角 β 为光线在 OYZ 面投影与 Z 轴之间的夹角，当光线从＋Y 方向照射时，角度为正值。

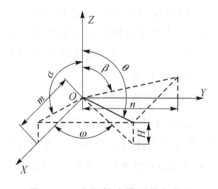

图 4.28　太阳敏感器测量参考系

如表 4.5 所列，得到的太阳角源码值为 α:40 E4 C1 16，β:C1 12 EF C0，利用转换器将其转换为浮点数表示（见图 4.29）。由图可知当前光照下，太敏测量所得的太阳角为 $\alpha = 7.15°$，$\beta = -9.18°$。根据实验的实际情况，与测得的数据进行对比，分析太阳敏感器是否正常工作。

③ 根据实验的实际情况，将测得的数据进行对比，分析太阳敏感器是否正常工作。

图 4.29 十六进制转浮点数

实验报告

实验结束后完成实验报告,报告中需包含以下内容:

① 写出测试太阳敏感器操作过程记录;

② 对返回的数据按照实验步骤中的说明进行解码和处理;

③ 分析所测得太阳方向角大小、太阳敏感器的温度是否与实验条件相符。

4.4.2 三轴磁强计实验

实验目的

➤ 了解三轴磁强计的原理、通信方式和通信接口;

➤ 学习三磁强计对应调试软件和接口转换器的使用;

➤ 掌握三轴磁强计的测试方法和数据解码方法。

实验内容

➤ 利用调试软件向三轴磁强计发送相应指令;

➤ 通过调试软件接收三轴磁强计的应答数据;

➤ 使用 MATLAB 完成对磁强计所测数据的处理与校准。

实验设备

(1) 三轴磁强计

三轴磁强计用于测定卫星在空间位置处的地磁场的大小和方向。其工作原理为电磁感应定律,通过测出流过闭合回路的电荷,即可得到回路内磁通量的变化。

采用 Honeywell 公司的 HMR2300 型三轴磁强计进行测试,其主要技术参数如表 4.6 所列。

表 4.6 HMR2300 型三轴磁强计主要技术参数

量程/T	测量精度/nT	工作电压/V	最大功耗/W	通信接口/bps	最大重量/g	尺寸/mm³	工作温度/℃
$\pm 2 \times 10^{-4}$	120	12	0.525	RS-232@9600	98	82.6×38.1×22.3	-40～+85

HMR2300 型三轴磁强计实物图如图 4.30 所示。

图 4.30　MR2300 型三轴磁强计实物图

（2）MOXA 卡

MOXAUPort 1450 为 USB 转串口转换器,通过一个 USB 端口为计算机提供 4 个串行设备的高性能工业级连接。其转换功能强大,包括 USB 2.0,UART,COM 端口转换等。MOXA 实物图如图 4.31 所示。

图 4.31　MOXA 卡实物图

MOXAUPort 1450 共有四个 9 针接口,其接口如图 4.32 所列。

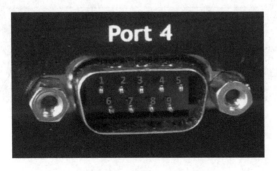

图 4.32　MOXA 卡接口

MOXA 卡接口引脚定义如表 4.7 所列。

（3）直流电源 GPD－4303S

内容略(见 4.4.1 小节)。

表 4.7　MOXA 卡接口引脚定义

引　脚	RS-232	RS-422/4-wire RS-485	2-wire RS-485
1	DCD	TxD−(A)	—
2	RxD	TxD+(B)	—
3	TxD	RxD+(B)	Data+(B)
4	DTR	RxD−(A)	Data−(A)
5	GND	GND	GND
6	DSR	—	—
7	RTS	—	—
8	CTS	—	—
9			

（4）测试软件

串口调试软件可以在计算机端对磁强计进行指令的写入与数据的读出。借助此软件可以对姿态控制部件进行测试和调试、检验串口通信和硬件系统的运行状态，可以有效提高工作效率，软件界面如图 4.33 所示。

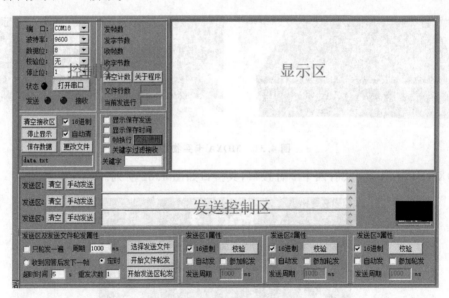

图 4.33　串口调试软件界面

🖰 **实验步骤**

（1）硬件连接

磁强计采用异步串行通信方式（UART），其通信接口为 RS-232 接口。根据磁强计的引脚定义，将电源、磁强计、MOXA 卡用杜邦线连接起来，硬件接线图如图 4.34 所示。首先将 HMR2300 型三轴磁强计的引脚 9 连接到电源的正极上，将 HMR2300 的引脚 5 连接到电源的负极上，电源的负极接地。然后将 MOXA 卡的引脚 5 接电源地，即 GND。最后将

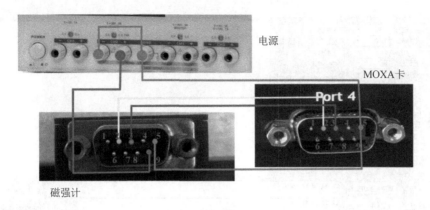

电源

MOXA 卡

磁强计

图 4.34　磁强计测试接线图

HMR2300 的引脚 2(RD)、引脚 3(TD)分别连接到 MOXA 卡一端的引脚 2(RxD)、引脚 3(TxD)，MOXA 卡另一端的 USB 数据线与计算机相连。设定电源电压值为 12 V，电流值为 0.1 A，按下输出按钮，为整个测试电路上电。

（2）串口配置

首先下载安装 MOXA Uport 驱动软件，然后打开计算机设备管理器，在多串口适配器目录下选择 MOXA UPort 1450 Series，双击打开后设置连接通道、串口编号（与连线端口编号相同）、接口形式等属性参数并单击保存，弹出存储成功界面则表明设置成功（见图 4.35）。

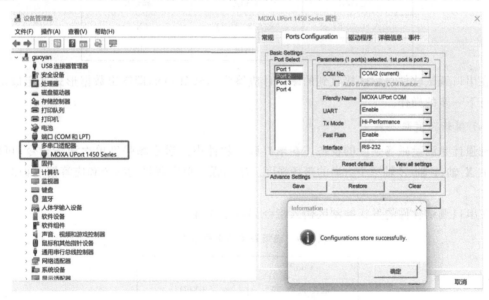

图 4.35　MOXA 卡串口配置

（3）选择输出形式

在串口调试软件的控制区中选择与计算机对应的串口号，设定波特率为 9 600 bps，输入形式为 16 进制，输出形式为 ASCII 码。ASCII 字符在串口调试软件中可读为有符号的十进制数，即为测得的磁场强度。设置磁强计输出数据的格式为 ASCII 字符，输出形式选择的指令和应答情况如图 4.36 所示。

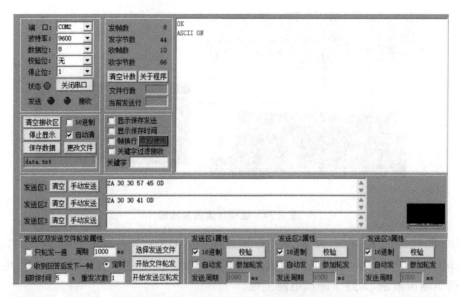

图 4.36 输出形式选择的指令和应答情况

在串口调试软件的发送控制区输入的指令如表 4.8 所列。

表 4.8 输出形式选择指令

* ddWE	* ddA	确认位
0x2A 30 30 57 45	0x2A 30 30 41	0X0D
5byte	4byte	1byte

在串口调试软件显示区接收到的磁强计应答为 ASCII ON,即输出数据形式选定成功,可以进行下一步的操作。

(4)磁场强度单次测量

磁强计是测量磁场强度的设备。在串口调试软件中发送磁场强度单次测量指令,可以得空间中 X 轴、Y 轴、Z 轴三个方向的磁场强度。磁场强度单次测量的指令和应答情况如图 4.37 所示。

在串口调试软件的发送控制区输入指令如表 4.9 所列。

表 4.9 磁场强度单次测量指令

* ddP	确认位
0x2A 30 30 50	0X0D
4byte	1byte

在串口调试软件的显示区接收磁强计的应答如表 4.10 所列。

表 4.10 磁场强度单次测量应答

X 轴	Y 轴	Z 轴
—609	—905	—9781

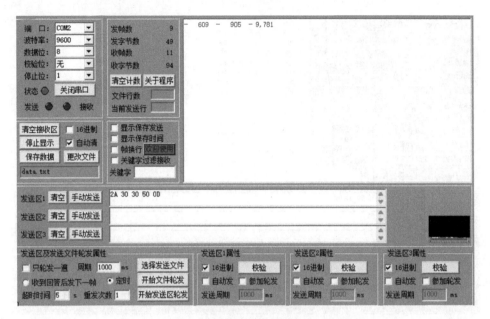

图 4.37　磁场强度单次测量的指令和应答情况

三轴磁强计的输出数据定义如图 4.38 所示。

Field (Gauss)	BCD ASCII Value	Binary Value (Hex)	
		High Byte	Low Byte
+2.0	30,000	75	30
+1.5	22,500	57	E4
+1.0	15,000	3A	98
+0.5	7,500	1D	4C
0.0	00	00	00
-0.5	- 7,500	E2	B4
-1.0	-15,000	C3	74
-1.5	-22,500	A8	1C
-2.0	-30,000	8A	D0

图 4.38　磁场强度单次测量的指令和应答情况

根据图 4.38 可以得到输出数据与磁场强度的关系(磁场强度＝输出数据/15 000),根据所给公式,将所得数据转化为磁场强度:$X=-0.040\ 6,Y=-0.060\ 3,Z=-0.652\ 1$,单位为高斯(Gs)。

(5) 磁场强度连续测量

HM2300 式三轴磁强计可以连续测量空间磁场强度。磁场强度连续测量的指令和应答情况如图 4.39 所示。

在串口调试软件的发送控制区输入的指令如表 4.11 所列。

表 4.11　磁场强度连续测量指令

＊ ddC	确认位
0x2A 30 30 43	0X0D
4byte	1byte

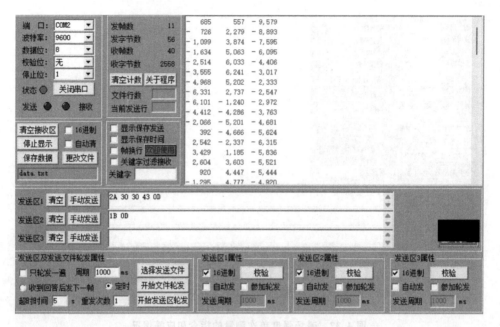

图 4.39　磁场强度连续测量的指令和应答情况

在串口调试软件的显示区接收磁强计的应答如表 4.12 所列。

表 4.12　磁场强度连续测量应答

X 轴	Y 轴	Z 轴
−685	557	−9 579
−726	2 279	−8 893
−1 099	3 874	−7 595
−1 634	5 063	−6 095
−2 514	6 033	−4 406
−3 555	6 241	−3 017
−4 968	5 202	−2 333
−6 331	2 737	−2 547
−6 101	−1 240	−2 972
...	...	...

（6）停止测量

待无需连续测量磁场强度时,可输入停止指令。停止连续测量的指令和应答情况如图 4.40 所示。

在串口调试软件的发送控制区输入的指令如表 4.13 所列。

在串口调试软件的显示区不再出现测量数据,连续测量停止。

（7）数据处理与分析

在球面路径上转动磁强计,并记录连续测量的数据。将数据导入 MATLAB 中,可以绘制

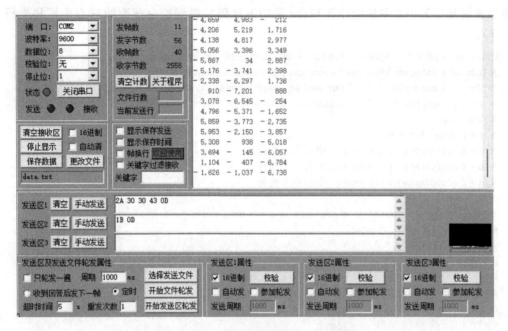

图 4.40　停止连续测量的指令和应答情况

类似如图 4.41 所示的参考球体。图中虚点代表磁强计连续测量所得磁场强度数据的参考球，线状球体为地磁场模型。可以发现点状磁场强度参考球的球心与原点并不重合，即在没有磁场的情况下，测得的磁场强度不为 0，磁强计存在初始偏差，需要进行标定。在 MATLAB 中对

表 4.13　停止连续测量指令

ESC	确认位
0x1B	0X0D
1byte	1byte

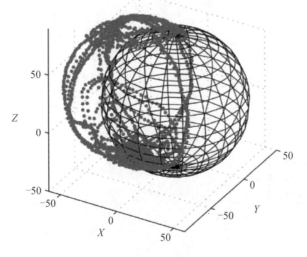

图 4.41　测量数据参考球体

测量数据做基于最小二乘法的球面拟合(见如下代码),得到拟合球面的球心坐标和半径(单位:μT):

```
function [r,a,b,c] = sphereFit(data) % 最小二乘法拟合球面函数
% This is a solution based on linearizing the sphere equation.
% The data has to be in 3 columns and at least 4 rows, first column withXs,
% 2nd column with Ys and 3rd columns with Zs of the sphere data.
% The output
% r = radius 球面半径
% a = X coordinate of the center 中心点 X 坐标
% b = Y coordinate of the center 中心点 Y 坐标
% c = Z coordinate of the center 中心点 Z 坐标
%
% usage:sphereFit(data) % where data is a mx3 data and m> = 4
xx = data(:,1);
yy = data(:,2);
zz = data(:,3);
AA = [ - 2 * xx, - 2 * yy , - 2 * zz , ones(size(xx))];
BB = [ - (xx.^2 + yy.^2 + zz.^2)];
YY = mldivide(AA,BB); % Trying to solve AA * YY = BB
a = YY(1);
b = YY(2);
c = YY(3);
D = YY(4); % D^2 = a^2 + b^2 + c^2 - r^2(where a,b,c are centers)
r = sqrt((a^2 + b^2 + c^2) - D);
% 作图主函数
clc;
clear;
data = xlsread( 'data.xls' )/1; % 读入数据
sphereFit(data) % 最小二乘法拟合得出原始数据
% % 未拟合的原始数据
data(:,1) = data(:,1);
data(:,2) = data(:,2);
data(:,3) = data(:,3);
r = 4.4579e + 03;
x0 = 0;
y0 = 0;
z0 = 0;
[x,y,z] = sphere;
mesh(x0 + r * x,y0 + r * y,z0 + r * z)
hold on
axis equal
scatter3(data(:,1),data(:,2),data(:,3),'ro')
% % 拟合后的数据
data(:,1) = data(:,1) - 16.65;
data(:,2) = data(:,2) - 0.43;
data(:,3) = data(:,3) - 6.57;
r = 44.98;
x0 = - 16.65;
y0 = - 0.43;
z0 = - 6.57;
```

```
[x,y,z] = sphere;
mesh(x0 + r * x,y0 + r * y,z0 + r * z)
hold on
axis equal
scatter3(data(:,1),data(:,2),data(:,3),'ro')
```

$$(x,y,z)=(x_0+r\cdot x,y_0+r\cdot y,z_0+r\cdot z) \tag{4.29}$$

将磁强计根据式(4.29)进行校准,再次读取磁场强度数据,读取的新数据如图 4.42 所示。

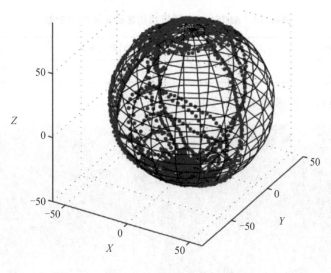

图 4.42　读取的新数据

由图 4.42 所示,读取的新数据完全符合参考领域,对磁强计的校准较成功。

📖 **实验报告**

实验结束后完成实验报告,报告中须包含以下内容:

① 写出测试磁强计操作过程记录;

② 对返回的数据按照实验步骤中的说明进行解码和处理;

③ 针对连续测量的数据使用 MATLAB 进行数据拟合,并检验拟合出的球面是否与参考球面一致。

4.4.3　惯性姿态敏感器实验

📖 **实验目的**

➢ 了解陀螺的原理、通信方式和通信接口;

➢ 学习陀螺对应调试软件和接口转换器的使用;

➢ 掌握陀螺的测试方法和数据解码方法。

📖 **实验内容**

➢ 利用调试软件向陀螺发送相应指令;

➢ 通过调试软件接收陀螺的应答数据;

➢ 根据相应解码规则完成数据解码和分析。

✍ 实验设备

（1）陀　螺

陀螺利用角动量守恒原理进行工作，其可以为小卫星姿态的确定提供角速度和角加速度信息，实现与其他敏感器的联合定姿。

采用 Analog Devices 公司的 ADIS16445 型惯性传感器进行测试，其主要技术参数如表 4.14 所列。

表 4.14　ADIS16445 型惯性传感器主要技术参数

量程/[(°)·s⁻¹]	灵敏度/[(°)·s⁻¹]	工作电压/V	功耗/W	通信接口	最大重量/g	尺寸/(mm×mm×mm)	工作温度/℃
±250	2.5×10^{-3}	3.3	0.25	SPI	15	37.7×24.1×10.8	−40～+105

ADIS16445 型惯性传感器实物图如图 4.43 所示。

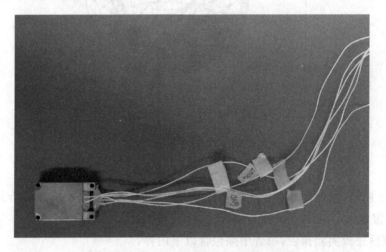

图 4.43　ADIS16445 型惯性传感器实物图

（2）USB2UIS

USB2UIS 转接板是一款实用方便的多功能转换板，可以连接计算机和带有 I2C、SPI 等接口的设备，使设备和计算机端进行通信。由于 ADIS16445 型惯性传感器的通信接口为 SPI 接口，因此在这里主要应用 USB2UIS 转接板的 USB 转 SPI 接口。USB2UIS 转接板实物图如图 4.44 所示。

USB2UIS 转接板引脚定义如表 4.15 所列。

表 4.15　USB2UIS 转接板接口引脚定义

引　脚	名　称	功　能	引　脚	名　称	功　能
J5-5	VDD	电源正	J5-9	CE	片选端
J5-6	GND	电源地	J5-10	MISO	主入从出端
J5-7	CK	时钟端	J5-11	IRQ	IO 中断端
J5-8	MOSI	主出从入端	J5-12	CE1	扩展片选

图 4.44　USB2UIS 转接板实物图

（3）直流电源 GPD - 4303S

具体介绍请参见 4.4.1 小节。

（4）测试软件

USB2UIS 转接板的配套测试软件 USB2ish 可以通过计算机 SPI 总线接口收发数据并予以显示，一般用于计算机与嵌入式系统的通信。USB2ish 界面如图 4.45 所示。

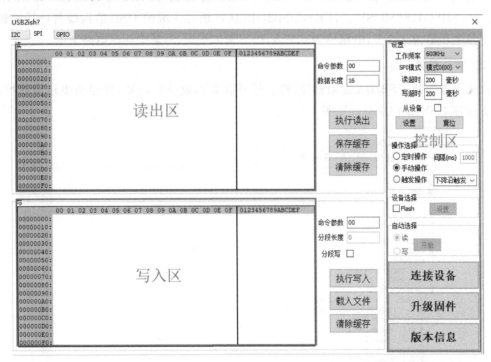

图 4.45　USB2ish 界面

🖱 **实验步骤**

（1）硬件连接

陀螺采用同步串行通信方式（SPI），其通信接口为 SPI 接口。根据陀螺的引脚定义，将电源、陀螺、USB2UIS 转接板用杜邦线连接起来,硬件接线图如图 4.46 所示。

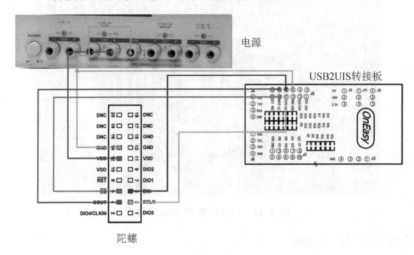

图 4.46 陀螺测试接线图

如图 4.46 所示,首先将陀螺的引脚 11 或 12 连接到电源的正极,引脚 13 或 14 连接到电源的负极并接地。接下来将 USB2UIS 转接板的引脚 6(GND)接电源的负极并接地。最后将陀螺的引脚 3(SCLK)、4(DOUT)、5(DIN)、6(CS)连接到 USB2UIS 转接板一端的引脚 7(CK)、10(MISO)、8(MOSI)、9(CE),USB2UIS 转接板另一端的 USB 数据线与计算机相连。设定电源电压值为 3.3 V,电流值为 0.2 A,按下输出按钮,为整个测试电路上电。

(2) 串口配置

首先下载安装 USB2ish 驱动软件,然后打开计算机设备管理器,在通用串行总线控制器目录下选择 USB2ish Device(见图 4.47)。

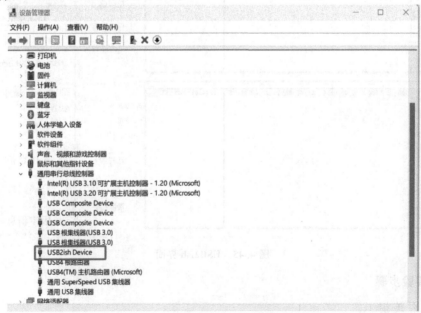

图 4.47 USB2ish 串口配置

（3）角速度、角加速度和温度测量

打开 USB2ish 软件，选择 SPI 模式为模式 3，最后在 USB2ish 控制区中设定工作频率为 1 MHz，输入及输出形式为 16 进制。在 USB2ish 控制区设定命令参数为 3E00，数据长度为 16 位，然后选择执行读出，可以得到当前的角速度和角加速度。输入指令和应答情况如图 4.48 所示。

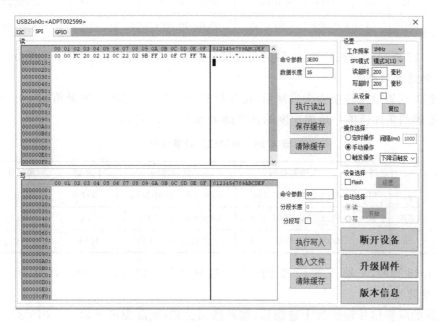

图 4.48　陀螺输入指令和应答情况

在 USB2ish 的读出区接收到陀螺的应答数据如表 4.16 所列。

表 4.16　陀螺应答数据

起始位	X 轴角速度	Y 轴角速度	Z 轴角速度	X 轴角加速度	Y 轴角加速度	Z 轴角加速度	温　度
0x00 00	0xFC 20	0x02 12	0x0C 22	0x02 9B	0xFF 10	0x0F C7	0xFF 7A
2byte	2byte	2byte	2byte	2byte	2byte	2byte	2byte

（4）数据处理与计算

1）数据处理与二进制补码计算

陀螺的应答指令为十六进制，首先将其转换为二进制补码，再将其转换为二进制原码，最后转换成十进制数据进行计算。二进制补码的最高位是符号位，0 表示正数，1 表示负数，其余位为数字位。正数的补码为其本身（即最高位为 0 的补码为其本身），负数的补码等于其除最高位外按位取反后＋1。因此根据这一原则，将补码转为原码时，正数（最高位为 0）的二进制数据即为原码，负数（最高位为 1）的二进制数据－1 再按位取反得到原码。得到原码后，将其转换为十进制数据（正数直接化为十进制，负数去掉符号位转换为十进制，在得到的十进制数字前加负号），按照不同的公式进行计算。

2）角速度的测量

将得到的应答信号转换为十进制后，按照所给公式（角速度＝测量值/100）可算出 X 轴、Y

轴、Z 轴的角速度。角速度的计算结果如表 4.17 所列。

表 4.17　角速度计算结果

方　向	十六进制		二进制补码	二进制原码	十进制	角速度/(°)·s⁻¹
X 轴	FC	20	1111 1100 0010 0000	1000 0011 1110 0000	−992	−9.92
Y 轴	02	12	00000010 0001 0010	00000010 0001 0010	530	5.3
Z 轴	0C	22	00000010 0001 0010	00000010 0001 0010	3106	31.06

如表 4.17 所列，X 轴、Y 轴、Z 轴的角速度分别为−9.92(°)/s,5.3(°)/s,31.06(°)/s。

3）角加速度的测量

将得到的应答信号转换为十进制后，按照所给公式（角加速度＝测量值/4 000）可算出 X 轴、Y 轴、Z 轴的角加速度。角加速度的计算结果如表 4.18 所列。

表 4.18　角加速度计算结果

方　向	十六进制		二进制补码	二进制原码	十进制	角加速度
X 轴	02	9B	0000 0010 1001 1011	0000 0010 1001 1011	667	0.167g
Y 轴	FF	10	1111 1111 0001 0000	1000 0000 1111 0000	−240	−0.06g
Z 轴	0F	C7	00001111 1100 0111	00001111 1100 0111	4039	1.01g

如表 4.18 所列，X 轴、Y 轴、Z 轴的角加速度分别为 0.167g，−0.06g,1.01g。

4）温度的测量

将得到的应答信号转换为十进制后，按照所给公式（实际温度＝31−0.073 86×测量值）可算出陀螺内部温度。温度的计算结果如表 4.19 所列。

表 4.19　温度计算结果

十六进制		二进制补码	二进制原码	十进制	温　度
FF	7A	1111 1111 0111 1010	1000 0000 1000 0110	−134	21.10 ℃

如表 4.19 所列，陀螺内部温度为 21.10 ℃。

实验报告

实验结束后完成实验报告，报告中包含以下内容：

① 写出测试陀螺操作过程记录；

② 对返回的代码按照实验步骤中的说明进行数据处理；

③ 分析所测得的陀螺的角速度、角加速度、温度是否与实验条件相符。

第 5 章　卫星控制执行机构原理及实验

执行机构是卫星姿态控制系统的作动部件,用于实际执行卫星姿态的调整动作。姿态控制执行机构主要包括推力器、角动量交换装置和磁力矩器等。本章主要介绍推力器、动量轮、磁力矩器的分类及其具体工作原理,并在此基础上介绍动量轮和磁力矩器等典型姿态控制执行机构的接口和性能测试实验。

5.1　卫星姿态控制概述

卫星姿态控制系统是卫星上确保其正确执行任务的关键系统,也是使得卫星在轨道上保持正确朝向并执行其预定功能的关键保障。这一系统通过控制卫星的姿态来确保通信天线对准地球、太阳帆板面向太阳以及星上科研仪器得到准确的观测数据。

一套完整的卫星姿态控制系统通常包含姿态敏感器、控制器和执行机构。姿态敏感器负责测量和感知卫星当前的姿态,控制器分析这些数据并制定姿态调整策略,而执行机构如反作用轮和推进器等,则实际执行姿态的调整动作。

传统的姿态控制系统多依赖于反作用控制系统(RCS),这种系统需要消耗大量推进剂,成本较高且不适用于大型航天器。现代的姿态控制技术更倾向于使用效率更高的解决方案,例如使用更先进的电子控制系统和算法来减少对推进剂的依赖,可提高系统的可靠性和效率。

卫星姿态控制系统的设计和实施是一个高度综合的工程,涉及多个科学和工程领域,如机械动力学、电子工程、自动控制理论及计算机科学等。它不仅要满足卫星现阶段的任务需求,还需兼顾卫星未来的技术升级与维护。

1. 自旋稳定航天器

对于早期的航天器而言(见图5.1),其任务设计常常使用被动自旋稳定来保持惯性主轴的固定指向;由于当时控制驱动技术受限且缺乏足够先进的计算机技术来实现复杂的控制规律,故自旋稳定控制被广泛使用。使用自旋稳定的航天器姿态非常稳定,但必须在航天器运行过程中保持其围绕惯性主轴的质量平衡。航天器上每个组件的质量和安装位置在设计时都应仔细安排,确保航天器的质量平衡。

然而,此类航天器的质量平衡要达到所需精度是较为困难的。在大多数情况下,只有在实际的飞行硬件交付并安装完毕后,航天器才会进行重量的增加和调整,并进行自旋实验测试,以确保其惯性主轴的指向精度达到设计要求。

2. 三轴稳定航天器

在现代,虽然自旋稳定航天器仍被应用于各种任务中,但姿态敏感器、执行机构和计算机处理器的进步使得复杂精细的姿态调整成为可能。因此,设计三轴稳定的航天器(见图5.2)成为主要趋势,航天器的姿态控制理论也得到了广泛发展,使得航天器即使是在非线性姿态动力学的情况下也能保证控制稳定性。但是,由于相关姿态控制理论的不完备,在大角度姿态机动下的航天器控制仍然是一个难题。

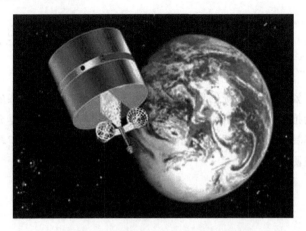

图 5.1　使用自旋稳定的早期航天器

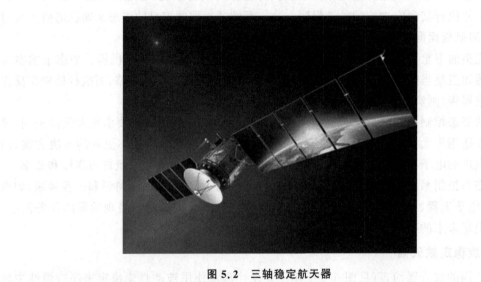

图 5.2　三轴稳定航天器

3. 姿态控制执行机构

对于航天器上安装的姿态控制系统,其主要约束包括:尺寸、质量、功耗。如果考虑安装高精度敏感器和执行机构,则其尺寸和质量大、功耗高,这并不适用于微小卫星。因此,对于微小卫星而言,更适合使用体积小、重量轻的敏感器和执行机构,用于卫星姿态的控制。

常见的卫星姿态控制系统所用的执行机构特点如表 5.1 所列。

表 5.1　主要执行机构优缺点统计表

执行机构	可达精度/(°)	优　点	缺　点
反作用飞轮 (飞轮)	0.01	精度高	需要卸载 功耗高
磁力矩器	>1	重量轻 功耗低	仅适用于低轨 速度慢

执行机构	可达精度/(°)	优　点	缺　点
控制力矩陀螺 （飞轮）	0.01	精度高 敏捷性强	适用于大航天器 机械复杂 存在奇异性
推力器	0.1	响应速度快	携带燃料 成本高
自旋稳定	0.1	被动 仅单轴 成本低	任务受限
重力梯度稳定 （被动稳定）	1～3	被动 简单 成本低	尺寸的特殊性 任务受限

　　在表 5.1 中的几种执行机构中,最为常用的是飞轮、磁力矩器和推力器,它们的真实形态如图 5.3 所示。

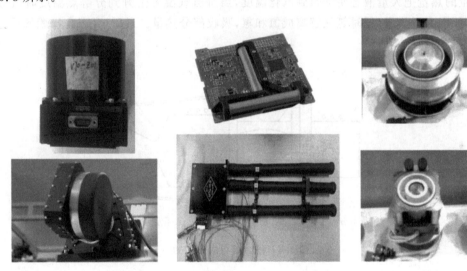

图 5.3　飞轮（动量轮）、磁力矩器和推力器

5.2　卫星执行机构原理

5.2.1　推力器

1. 推力器工作原理

　　推力器是一种典型的卫星姿态控制执行机构,是航天器上非常重要的硬件组件,其通过排出工质产生反作用推力进行工作的。推力不通过航天器质心时会产生控制力矩,以实现对卫星姿态的调整和稳定,其具有力矩变化范围大和适应性强等特点。

　　推力器一般由存储工质的容器、控制部件、管道和喷管组成。按照所需的能源和产生推力的原理,推力器分为冷气推力器(利用压缩功或相变潜热)、化学推力器、电推力器等类型[8]。

以上三种推力器中,冷气推力器利用压缩气体(例如氮气)作为工作介质,压缩气体存储在高压气瓶内。使用推力器时,首先利用减压装置将高压气体的压力降低,并将压力稳定到规定的使用范围内,经过稳压后的气体通过导管进入控制阀门(通常是电磁阀)。通过电子装置控制电磁阀的开、关,把气体供给与控制阀门连在一起的拉瓦尔型喷管,气体经过拉瓦尔喷管被加速到超声速,向宇宙空间排出,排出气体的动量对航天器产生控制力矩[46]。

冷气推力器系统由于结构简单,工作性能稳定,造价低廉,推进工质无腐蚀性,被广泛地应用于中小型航天器的姿态控制。冷气推力器通常采用氮气、氨气和氖气等惰性气体作为推进工质。冷气推力器最根本的缺点是比冲较低,通常比冲为 $380\sim740$ N·s/kg,当要求较高的总冲量时,推力器的总质量将很大,所以冷气推力器只适用于运行时间较短的航天任务。

化学推力器通过自身携带的氧化剂和还原剂反应产生推力,主要适用于需要快速而强大推力的场合,有单组元和双组元两类。单组元肼及单组元肼电热系统适用于较长寿命的航天器,该类推力器由喷注器、温控组件、反应室(含催化剂床)和喷管组成,如图5.4所示。当电磁阀接收电信号后开启,肼从电磁阀流到喷注器,进入反应室。液态肼与催化剂接触后,经分解反应产生的热量把大量液态肼加热到汽化温度,当肼蒸气温度上升到分解点温度时就分解为氮和氨,放出大量热量,同时氨又解离成氮和氢,吸收部分热量。最后,高温高压燃气通过喷管排出产生控制力矩[47]。

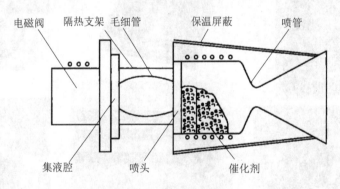

图5.4 推力器组成结构图

单组元肼推力器的特点是最小推力低和工作寿命长;其推力范围为 $0.2\sim2~670$ N;其用于姿态控制推力器在轨工作时可以脉冲工作几十万次到上百万次,用于轨控控制时的稳态工作累积时间为几十分钟到几小时,故单组元肼推力器在世界范围内被广泛认为是姿态控制和轨道控制的基本工具。

双组元推力器则是指由氧化剂和还原剂两种不同工质作推进剂组成的推力器。双组元推力器的结构组成与单组元推力器类似,都由喷注器、反应室和喷管等部分组成[48]。其主要特点是比冲高于固体火箭发动机的和单组元推力器的,更高于冷气推力器的。这意味着在同样的卫星控制总冲量要求下,双组元推力器的推进剂用量远低于冷气推力器,也低于单组元推力器和固体发动机。这些节省的推进剂质量可用于增加航天器的有效载荷或延长飞行寿命。但与此同时,由于使用两种推进剂组元,双组元推力器的结构相对复杂,质量较大,将部分抵消其比冲高的优势。因此,只有在长寿命、大质量、高控制总冲量的航天器上应用,才能充分利用其比冲高的优点[49]。

电推进推力器利用电能加速推进剂中的粒子使其产生推力,其优点之一是比冲高。传统的化学推力器由于其推进剂化学反应的比能量小,所以推进性能受到限制,即使推力器采用最高性能的氢氧推进剂组合,其最高理论的比冲也仅为 5 000 N·s/kg,而航天器通常使用的化学推力器的比冲只能达到上述值的 1/2 或 1/3。电推进推力器利用电能克服推进剂化学反应的能量限制,提高了工质排气速度,从而提高了比冲。电推进推力器的比冲可凭此达到 50 000 N·s/kg。电推进的高比冲将大大减少航天器对推进剂的需求量,能增加卫星的有效载荷或提高航天器的寿命[50]。

2. 推力器技术发展

随着技术的发展,各种各样的新型推力器问世,在越来越多样化的空间任务中得到应用。对于微小卫星而言,微型推进系统(如微牛级霍尔推力器等)能够满足其对质量和功耗的严格限制,同时提供精确的姿态控制能力,成为其最适用的推力器品类。自问世以来,经过 50 多年的发展,霍尔电推力器已经成为国际上研究和应用最为广泛的一种高性能电推进技术,应用领域已由 GEO 卫星、低轨卫星扩展至深空探测器、轨道机动飞行器等。以美、俄、法等国家为代表,国际上正在进一步加大霍尔电推进技术的研究和应用力度。我国的霍尔电推进技术经过 20 多年的发展,已经取得了喜人的成绩,部分技术已经达到国际先进水平,特别是中功率霍尔电推进完成在轨飞行验证,为后续工程应用奠定了良好的基础[51]。

除此之外,离子电推进作为最具有代表性的电推进技术之一,以离子产生、离子加速和离子中和 3 个主要工作过程为内在特征,以应用离子光学系统(栅极组件)完成对放电室离子的分离、聚焦和加速引出为外在特征。

离子电推进经过多年发展已经具备很高的技术成熟性,主要包括直流放电(电子轰击)、射频放电和微波放电(电子回旋谐振)3 种类型。离子推力器的结构组成主要包括放电室、放电阴极和中和器阴极、离子光学系统(栅极组件)等。作为一种电推进推力器,离子推力器的主要特点是比冲高,可极大地减少航天器对推进剂的需求量,能增加卫星的有效载荷或提高航天器的寿命。目前,离子推力器的技术发展路线以更好的性能、更长的寿命、更高的可靠性为目标[52]。

5.2.2　角动量交换装置

角动量交换装置是一大类姿态控制执行机构的总称,该类机构利用角动量定理进行姿态控制,其主要方式为:通过改变机构的角动量大小和方向,在航天器本体上产生一个连续的反作用力矩,从而实现姿态的控制。

1. 不同构型飞轮原理

以飞轮为代表的角动量交换装置可以按照转动方向是否可变、大小是否可变分成不同类型,具体分类方式如图 5.5 所示。

(1) 反作用飞轮

由于反作用飞轮角动量较小,且其角动量平均值为零,所以仅在旋转轴方向提供控制力矩。卫星三轴稳定系统中,数量不得少于 3 个。利用力矩电机使飞轮加速或减速,产生的反作用力矩作为控制力矩。该力矩可用来改变卫星姿态,也可用来对抗干扰力矩。当反作用飞轮进入饱和状态,失去控制功能,必须以卸载装置释放累积角动量,使飞轮转速返回临界值以内,

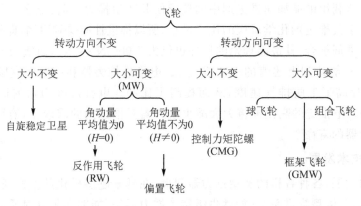

图 5.5　飞轮分类

反作用飞轮才能继续工作[53]。

1)控制原理

一个通道的反作用飞轮控制系统的工作框图如图 5.6 所示,星体上安装的姿态敏感器将卫星姿态反馈给校正网络,输出姿态指令,经由驱动放大器输出给飞轮电动机,进而控制飞轮速度,卫星上的速度检测信号经由卸载门限、卸载控制传输给执行机构,和飞轮的速度一起改变卫星的姿态,实现姿态的控制。

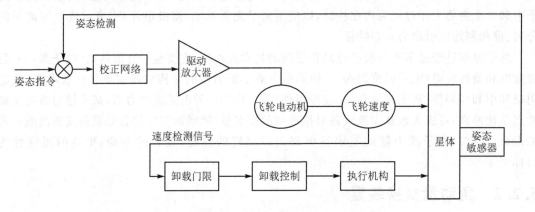

图 5.6　反作用飞轮控制系统(一个通道)框图

2)飞轮构型

轮控系统中一般选用标准系列的数个轮子组合成各种构形的轮控系统。从原理上说,只要轮系能提供三个轴上的控制力矩就可以实现卫星姿态的三轴稳定,当采用多轮构成的轮控系统时,首先遇到的问题是安装矩阵的选择问题即如何合理地安装这些轮子,该轮不但能提供三轴上的控制力矩,而且能实现某种指标下的优化。对于长寿命卫星,安装矩阵的选择主要是考虑当某一个动量轮失效时,重构的冗余度(即能用数量最少的动量轮来获得最大的冗余度)仍能提供三个轴的控制力矩,而又使控制策略不过分复杂。例如,如果用六个动量轮,可以在每一个主轴上安装两个,其中一个工作,另一个冷备份,当某一轴上的两个轮子都失效时,就无法提供该轴的控制力矩。如果换一种方式,比如按 12 面体安装这六个轮子,则允许任何三个轮子失效后,其余三个轮子仍能提供三个轴的控制力矩。因此从冗余观点看,12 面体安装优于每轴安装两个的构形,但是它的故障模式切换和控制策略比每轴安装两个的要复杂得多,因此在选用动量轮的个数和安装方式时要权衡各种利弊。以下是几种动量轮的安装构型。

C1:三正交构型

三个飞轮的角动量平行于航天器的三个惯性主轴安装,如图 5.7 所示。

C2:3 正交＋1 斜装

三个飞轮安装方式与 C1 构型相同,第四个飞轮安装在与航天器的三个惯量主轴夹角均相等的方向上,其动量投影到三个轴上的角动量分量相等,如图 5.8 所示。

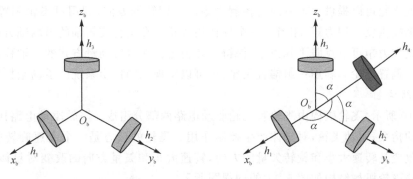

图 5.7　C1 构型示意图　　　　　　　图 5.8　C2 构型示意图

C3:4 个飞轮均斜装

四个飞轮均安装在与航天器的三个惯量主轴均不平行的方向上,如图 5.9 所示。

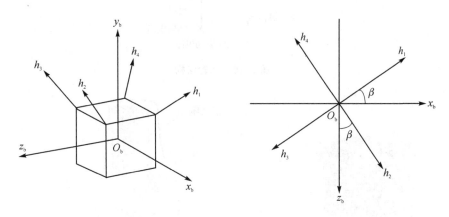

图 5.9　C3 构型示意图

3) 角动量包络和力矩包络

角动量包络:所有反作用轮在航天器本体坐标系中的各个方向上所能提供的最大角动量矢量的端点形成的包络,用于反映承受外部扰动力矩的时间长短以及力矩大小。

力矩包络:所有反作用轮在航天器本体坐标系中的各个方向上所能输出的最大力矩矢量的端点形成的包络,用于反映承受外部扰动力矩的大小。

斜装轮的力矩包络或角动量包络为三正交飞轮组的 3 倍。说明四斜装飞轮系统具有较大的储存角动量的能力,此系统的抗扰动能力强,可控区域大,飞轮的卸载次数少。

（2）偏置飞轮

1）性　能

偏置飞轮的角动量值比较大，一般为 20～200 N·m·s，质量也相应增加到 9～24 kg，额定转速为 3 000～6 000 r/min，额定转速变化为±10％～±20％，稳态功耗为 5～25 W。

由于偏置飞轮的工作转速比较高，且为单方向运行，因此对其低速性能和过零特性并无严格要求，驱动电路也比较简单。

2）特　点

一个偏置飞轮可以提供三轴方向的控制力矩。在旋转轴方向，利用对飞轮偏置角速度的加速和减速来提供反作用力矩，相当于一个反作用飞轮。在垂直旋转轴的另两轴方向，飞轮角动量产生的陀螺力矩可以克服干扰力矩，保持星体稳定。在偏置动量方式的三轴稳定系统中，仅需采用一个偏置飞轮。利用一组偏置飞轮，也可以实现三轴稳定系统的零动量控制方式。

3）飞轮结构

如图 5.10 所示，飞轮机构由飞轮和飞轮驱动电路两部分组成。飞轮驱动电路接收卫星姿态控制系统的指令，驱动飞轮，对星体产生控制作用。飞轮的核心是一个高速旋转的轮体，通过某种方式改变其转速大小和旋转矢量的方向，转速大小和矢量方向的改变对星体产生控制作用。具体的飞轮机械结构如图 5.11 的剖视图所示。

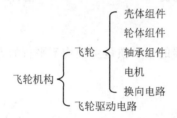

图 5.10　飞轮结构

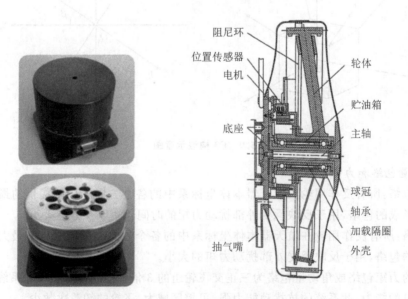

图 5.11　飞轮及其剖视图

2. 结构设计方法

（1）角动量的确定

反作用飞轮的标称角动量一般取决于环境干扰力矩和动量去饱和时间的选择。环境干扰力矩随着轨道高度的升高明显地减小。在近地轨道上，空气动力力矩、重力梯度力矩、地磁力矩和太阳辐射压力矩都应考虑在内。在静止轨道上，起支配作用的只是太阳辐射压力的不平衡作用。去饱和操作越频繁，对反作用飞轮的动量储存能力要求越低。动量飞轮的角动量矢量通常沿着星体俯仰轴的负方向，且与轨道平面垂直，对偏航轴的控制是通过动量轮的陀螺效应实现的。

设环境干扰作用在偏航轴方向的力矩为 T_Z，则偏航位置误差为

$$\psi \approx \frac{T_Z}{\omega_0 h_M} \tag{5.1}$$

式中，ω_0 为星体在偏航轴方向的角速度，h_M 为星体偏航轴方向的动量轮角动量。

根据式（5.1），所要求的动量轮角动量为

$$h_M \approx \frac{T_Z}{\omega_0 \psi} \tag{5.2}$$

偏航精度越高，则需动量轮角动量越大。

（2）最小质量设计

质量小、体积小是动量轮设计最基本的要求之一。飞轮中质量最大的部分是飞轮轮体和壳体。在动量轮角动量和角速度给定的情况下，轮体的质量反比于轮体等效回转半径的平方，即

$$M_R = \frac{h_w}{\omega_0 R^2} \tag{5.3}$$

式中，ω_0 为动量轮旋转角速度；h_w 为动量轮的角动量；M_R 为轮体质量；R 为动量轮轮体等效回转半径。

壳体的质量 M_R 则随半径 R 的增大而增加。因此，必须找出一个 R 值，使其满足给定角动量和转速的要求，小而得到轮体和壳体质量之和的最小值。

（3）功　耗

飞轮转速维持恒定时，所消耗的功率称为稳态功耗，即

$$P_0 = T_0 \omega = (T_f + T_\omega)\omega \tag{5.4}$$

式中，ω 为动量轮旋转角速度；P_0 为稳态功耗；T_0 为飞轮阻力矩；T_f 为轴承摩擦力矩；T_ω 为风阻力矩。由式（5.4）可知，飞轮对应最大控制力矩时的输出功率为

$$P_m \approx (T_0 + T_f)\omega_m \tag{5.5}$$

式中，ω_m 为动量轮最大转速；P_m 为电源最大功耗；T_0 为飞轮阻力矩；T_f 为轴承摩擦力矩。由式（5.5）可知，在控制力矩一定时，飞轮的功耗与其转速成正比。

5.2.3　磁力矩器

1. 磁力矩器工作原理

磁力矩器作为一种航天器姿态控制器，已经多次成功地用于自旋卫星、双自旋卫星、重力

梯度稳定卫星以及三轴稳定卫星的姿态控制。

磁力矩器在星体上主要实现的功能包括:磁消旋与初始姿态捕获、磁卸载、磁章动阻尼以及磁进动控制[54]。磁力矩器的主要特点:简单、可靠、稳定、无燃料消耗。

(1) 空芯磁力矩器

磁力矩器(见图 5.12)实际上就是一个可控的电磁线圈,有空芯线圈和磁棒线圈两类。磁棒磁力矩器的磁矩大小、体积、质量及安装可行性等方面有明显优点。

依据卫星的构型,空芯磁力矩器的形状通常选为圆形或矩形。对于圆形线圈而言,其产生的磁矩为

$$M = ANI \qquad (5.6)$$

图 5.12　磁力矩器

式中,M 为线圈产生的磁矩;A 为线圈面积;N 为线圈匝数;I 为线圈中的电流。

同样是对于圆形线圈,其产生的功率为

$$PW = \frac{16}{D^2}\rho\sigma M^2 \qquad (5.7)$$

式中,P 为线圈产生的功率;W 为线圈质量;D 为线圈直径;M 为线圈产生的磁矩大小;ρ 为导线电阻率;σ 为导线质量密度。

根据式(5.7),为了减少 PW,应使线圈直径尽可能大,并采用 $\rho\sigma$ 值较小的导线材料。

(2) 磁棒磁力矩器

磁棒磁力矩器通常由一根细长的圆柱形磁棒和外绕的线圈组成。磁棒的线圈磁矩大小 M 与棒芯中的平均磁通密度 B_{AV} 的关系为

$$M = \frac{10}{4\pi}B_{AV}V = 10^{-4}\mu_e\frac{NI}{l}V \qquad (5.8)$$

式中,V 为磁棒体积;N 为线圈匝数;I 为线圈中的电流;l 为磁棒长度;μ_e 为磁棒有效磁导率。

一个磁棒能产生的最大磁矩受磁性材料 B_{AV} 饱和值的制约。B_{AV} 越大,棒芯体积和质量越小。由于存在"退磁"现象,当外磁场使圆柱磁棒磁化时,靠近其端部将产生与外磁场相反的附加磁场,因此实际达到的磁化强度将低于理论值,即

$$\frac{1}{\mu_e} = \frac{1}{\mu_r} + \frac{n}{4\pi} \qquad (5.9)$$

式中,μ_e 为磁棒有效磁导率;μ_r 为相对磁导率;$\frac{n}{4\pi}$ 为退磁因子。而退磁因子与磁棒的长度与直径之比有关,如表 5.2 所列。

表 5.2　退磁因子与磁棒长度直径比

l/d	20	50	100
$n/4\pi$	0.006 17	0.001 29	0.000 36

磁滞特性引发了磁棒磁力矩器磁矩(见图 5.13)的不确定性。当磁力矩器用作卫星姿态

控制系统的执行部件时,过大的磁滞特性会影响预期的控制规律。因此,磁力矩器的棒芯通常采用磁通密度高、矫顽力低、磁滞特性小的磁性材料。

图 5.13　磁力矩器的棒芯

2. 磁矩控制方法

磁力矩器的控制线路主要由前置级、功放级和反馈网络组成,如图 5.14 所示。其中,控制电压 u_c 来自姿态控制计算机,并以差分方式输入控制线路。

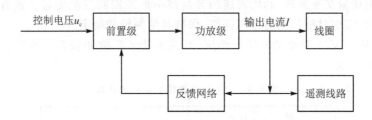

图 5.14　磁力矩器控制线路图

（1）磁矩测量

将磁力矩器安装在无磁转台上,由试验设备为磁力矩器控制线路提供一定的输入电压,从而使磁力矩器通以相应的工作电流,用近场法测量磁力矩器在此工作电流作用下所产生的磁矩,在磁力矩器正、负输入电压范围内选取间隔均匀的多个电压值进行磁矩测量,以取得磁矩与线圈电流的特性曲线。

（2）剩磁矩测量

使磁力矩器分别通正、负最大电流,然后断电,待稳态后测量剩磁矩。

（3）磁场分布测量

使磁力矩器分别通正、负最大电流,用三轴磁强计测量其周围磁场的分布情况。测量时,测量探头分别放在磁力矩器轴线方向上、离其中心选定的几种距离处,以及磁力矩器轴线的垂直方向上、离其中心选定的几种距离处,以完成对主体磁场分布的测量。

5.3 卫星执行机构接口和性能测试实验

5.3.1 动量轮实验

实验目的

➤ 了解动量轮的原理、通信方式和通信接口;

➤ 学习动量轮对应调试软件和接口转换器的使用;

➤ 掌握动量轮的测试方法和数据解码方法。

实验内容

➤ 利用调试软件向动量轮发送相应指令;

➤ 通过调试软件接收动量轮的应答数据;

➤ 根据相应解码规则完成数据解码和分析。

实验设备

(1) 动量轮

动量轮采用动量交换原理,利用转速的升高或降低来控制卫星姿态。偏置动量轮安装在卫星俯仰轴方向,实现对俯仰轴的力矩控制,保持其他两轴的稳定。

在实验中,选用 V70 型动量轮进行测试,其主要技术参数如表 5.3 所列。V70 型动量轮实物图如图 5.15 所示。

表 5.3 V70 型动量轮主要技术参数

转速范围/rpm	−6 000~6 000
转动惯量/(kg・m^2)	1.067×10^{-4}
最大输出力矩/(N・m)	0.01
最大角动量/(N・m・s)	0.067
常值功耗	<0.8W@0rpm <1.5W@3000rpm <2.4W@6000rpm
峰值功耗/W	6
加速性能	45s
转速精度/rpm	0.5
工作电压/V	10~14
通信接口	CAN@500kbps
重量/g	430±5
尺寸/mm^3	70×70×73
工作温度/℃	−20~+50

(2) USBCAN 接口卡

内容略(见 4.4.1 小节)。

图 5.15　V70 型动量轮实物图

（3）直流电源 GPD - 4303S

具体介绍请参见 4.4.1 小节。

（4）测试软件

具体介绍请参见 4.4.1 小节。

实验步骤

（1）硬件连接

动量轮采用异步串行通信方式（CAN），其通信接口为 CAN 接口。根据动量轮的引脚定义，将电源、动量轮、CAN 接口卡用杜邦线连接起来，硬件接线图如图 5.16 所示。将动量轮的引脚 1 或引脚 3 连接到电源的正极，引脚 2 或引脚 4 连接到电源的负极。将动量轮的引脚 6（CANH）、引脚 7（CANL）分别连接到 CAN 接口卡一端的引脚 2（CANH）、引脚 1（CANL），CAN 接口卡另一端的 USB 数据线与计算机相连。设定电源电压值为 12 V，电流值为 0.4 A，按下输出按钮，为整个测试电路上电。

（2）串行配置

下载安装 USBCAN 驱动软件，然后打开计算机设备管理器，在通用串行总线控制器目录下选择 iTekon USBCAN Device，接着打开 CANalyst，选择设备 USBCAN - I，最后在 CANalyst 控制区中设定波特率为 500 kbps，输入及输出形式为 16 进制。

（3）状态轮询

动量轮是产生动量矩的设备，其初始状态的动量矩为 0，即转速为 0。在 CANalyst 中发送轮询指令，可以得到当前飞轮的转速、温度、电流、电压和运行状态等参数。轮询状态的指令和应答情况如图 5.17 所示。在 CANalyst 的控制区输入指令如表 5.4 所列。在 CANalyst 的显示区接收到动量轮的应答如表 5.5 所列。

根据轮询状态应答，将所得的数据转化为十进制形式，可以得出其当前状态为：转速：0；温度：148－125＝23 ℃（温度＝测量值－125）；电流：13×4＝52 mA（电流＝测量值×4）；电压：

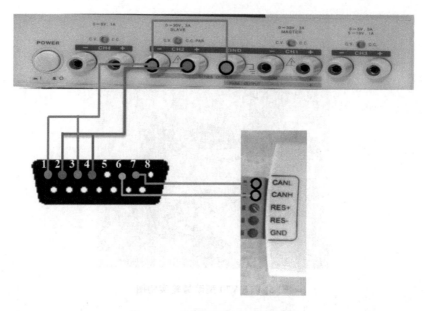

图 5.16　动量轮硬件测试接线图

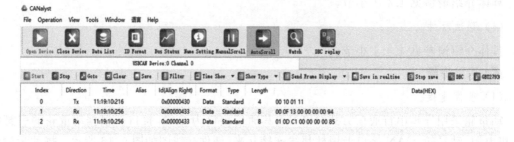

图 5.17　轮询状态的指令和应答情况

193/16＝12 V(电压＝测量值/16)。

表 5.4　轮询状态指令

地　址	长　度	指令码	校验和
0x0430	0x04	0x00 10 01	0x11
2byte	1byte	3byte	1byte

表 5.5　轮询状态应答

地　址	长　度	编　号	地　址		转　速				温　度
0x433	8	00	0F	13	00	00	00	00	94
地　址	长　度	编　号	电　流	电　压	运行状态	备　用			校验和
0x433	8	01	0D	C1	00	00	00	00	85

(4)转速设置

现设置动量轮转速为浮点数 6 000 rpm,对应的十六进制数为 45 BB 80 00。间接控制的指令和应答情况如图 5.18 所示。在 CANalyst 的控制区输入指令如表 5.6 所列。在 CANa-lyst 的显示区接收到动量轮的应答如表 5.7 所列。

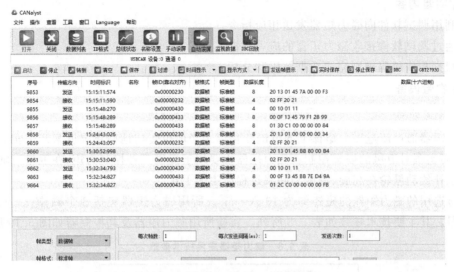

图 5.18　间接控制的指令和应答情况

表 5.6　间接控制指令

地　址	长　度	指令码	转　速	校验和
0x0230	0x08	0x20 13 01	0x45 BB 80 00	0xB4
2byte	1byte	3byte	4byte	1byte

表 5.7　间接控制应答

地　址	长　度	指令码	校验和
0x0232	0x04	0x02 FF 20	0x21
2byte	1byte	3byte	1byte

　　若动量轮成功接收到了指令,其转速会加快并发出声音。此时,按照上述轮询过程,发送轮询状态指令,可以得到新的转速应答 45 BB 7E D4,转换为浮点数为 5 999.854 rpm,接近所设定的转速 6 000 rpm。

　　📖 **实验报告**

实验结束后完成实验报告,报告中需包含以下内容:

① 写出测试动量轮操作过程记录;

② 对返回的数据按照实验步骤中的说明进行解码和处理;

③ 分析所测得动量轮转速、温度、电流、电压是否与实验条件相符。

5.3.2　磁力矩器实验

　　📖 **实验目的**

➤ 了解磁力矩器的原理、通信方式和通信接口;

> 学习磁力矩器对应调试软件和接口转换器的使用；
> 掌握磁力矩器的测试方法和数据解码方法。

实验内容

> 利用调试软件向磁力矩器发送相应指令；
> 通过调试软件接收磁力矩器的应答数据；
> 根据相应解码规则完成数据解码和分析。

实验设备

（1）磁力矩器

磁力矩器通过流过磁力矩棒上的电流变化以及当前位置的地磁场强度来产生相应的控制力矩，从而实现对卫星的姿态控制。磁力矩器主要用于提供三轴控制力矩，在卫星三轴稳定时主要用于补偿动量轮在起旋、消旋和卸载过程产生的干扰。

实验选用的磁力矩器的磁矩约为 $10\ \mathrm{A \cdot m^2}$。所用磁力矩器包括 3 个磁棒（x、y、z）和 1 个控制器。其主要技术参数如表 5.8 所列。实验所用磁力矩器及其控制器如图 5.19 所示。

表 5.8 磁力矩器主要技术参数

最大磁矩	$\geqslant 12 \cdot \mathrm{A \cdot m^2}@9V$
最大电流/mA	3
工作电压/V	9
最大功耗/W	<3.6
通信接口	$RS-485-2@9600bps$
总质量/g	2 800
磁棒尺寸/mm³	$250 \times 66 \times 33.5$
控制器尺寸/mm³	$136 \times 40 \times 86$
工作温度/℃	$-20 \sim +65$

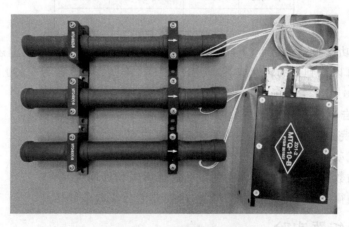

图 5.19 磁力矩器和控制器

（2）MOXA 卡

具体介绍请参见 4.4.2 小节。

（3）直流电源 GPD － 4303S

具体介绍请参见 4.4.1 小节。

（4）串口调试软件

具体介绍请参见 4.4.2 小节。

实验步骤

（1）硬件连接

磁力矩器采用异步串行通信方式（UART），其通信接口为 2 线制 RS － 485 接口。根据磁力矩器产品的引脚定义，将电源、磁力矩器、MOXA 卡用杜邦线连接起来，硬件接线图如图 5.20 所示。将磁力矩器的引脚 1 或引脚 2 连接到电源的正极，引脚 4 或引脚 5 连接到电源的负极。将 MOXA 卡的引脚 5 接电源地（GND）。将磁力矩器的引脚 6（RS485A）、引脚 8（RS485B）分别连接到 MOXA 卡一端的引脚 3（Data＋B）和引脚 4（Data－A），MOXA 卡另一端的 USB 数据线与计算机相连。设定电源电压值为 12 V，电流值为 0.6 A，按下输出按钮，为整个测试电路上电。

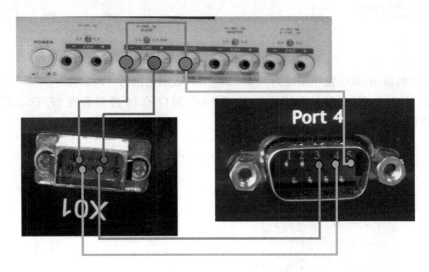

图 5.20　磁力矩器硬件测试接线图

（2）串行配置

首先下载安装 MOXA Uport 驱动软件，然后打开计算机设备管理器，在多串口适配器目录下选择 MOXA UPort 1450 Series，双击打开后设置连接通道、串口编号（与连接端口编号相同）、接口形式等属性参数并单击保存，弹出存储成功界面则表明设置成功（见图 5.21）。

（3）磁矩设置

磁力矩器是产生磁矩的设备，初始状态 X 轴、Y 轴、Z 轴三个方向的磁矩均为 0。在串口调试软件中发送磁矩控制指令，磁力矩器控制单元接收指令后会立即执行，产生相应的磁矩，不返回应答数据。其中 X 轴、Y 轴、Z 轴控制磁矩值均为 2 字节，低字节在前、高字节在后。

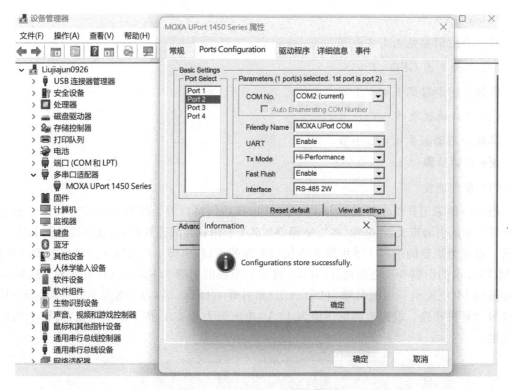

图 5.21 MOXA 卡串口配置

采用二进制补码输出,最小量化刻度为 $0.001\ \text{A} \cdot \text{m}^2$,表示范围为 $-32.768 \sim +32.768\ \text{A} \cdot \text{m}^2$。

现设置 X 轴、Y 轴、Z 轴的磁矩均为 $12\ \text{A} \cdot \text{m}^2$,对应的 16 进制数为 2E E0。遥控磁矩的指令和应答情况如图 5.22 所示。

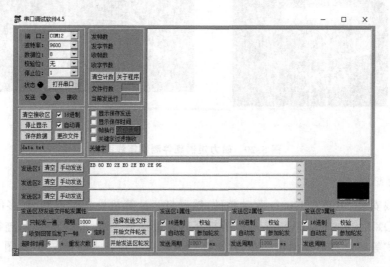

图 5.22 遥控磁矩的指令和应答情况

在串口调试软件的发送控制区输入指令如表 5.9 所列。由于磁力矩器控制单元接收指令后会立即执行,不返回应答数据,因此串口调试软件显示区不显示应答。

表 5.9　遥控磁矩指令

地　址	指令码	X　轴	Y　轴	Z　轴	校验和
0xEB	0x80	0xE0 2E	0xE0 2E	0xE0 2E	0x95
1byte	1byte	2byte	2byte	2byte	1byte

（4）磁矩查询

在串口调试软件中发送遥测磁矩指令，其指令和应答情况如图 5.23 所示。

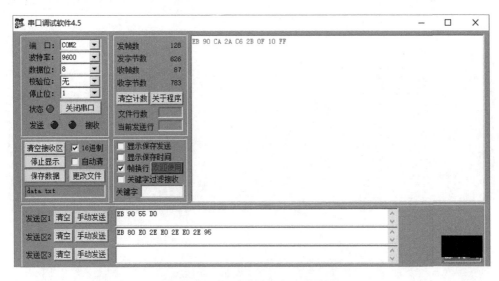

图 5.23　遥测磁矩的指令和应答情况

在串口调试软件的发送控制区输入指令如表 5.10 所列。在串口调试软件的显示区中接收磁力矩器的应答如表 5.11 所列。

表 5.10　遥测磁矩指令

地　址	指令码	功能字	校验和
0xEB	0x90	0x55	0xD0
1byte	1byte	1byte	1byte

表 5.11　遥测磁矩应答

地　址	指令码	X　轴	Y　轴	Z　轴	温度量
0xEB	0x90	0xCA 2A	0xC6 2B	0x0F 2C	0xFF
1byte	1byte	2byte	2byte	2byte	1byte

由表 5.11 可知，按照低位在前、高位在后、二进制补码输出、最小量化刻度等规定，通过转换得到 X 轴的遥测磁矩为 10.954 A·m^2，Y 轴的遥测磁矩为 11.206 A·m^2，Z 轴的遥测磁矩为 11.279 A·m^2。X 轴、Y 轴、Z 轴的遥测磁矩均与初始设置遥控磁矩基本一致，相差不大。

✍ 实验报告

实验结束后完成实验报告,报告中需包含以下内容:

① 写出测试磁力矩器操作过程记录;

② 对返回的数据按照实验步骤中的说明进行解码和处理;

③ 分析所测得磁力矩器磁矩是否与实验条件相符。

第6章 卫星星务和姿态控制闭环实验

卫星星务和姿态控制系统闭环实验既能降低成本、缩短研制周期,也具备较高的真实性和可靠性,是卫星研制过程中的一种常规验证手段。本章紧贴工程实际,概述卫星桌面联试内容,并逐步实现闭环系统搭建实验、系统模拟飞行测试实验(简称模飞试验)、系统故障测试实验,从而验证所设计卫星星务和姿态控制系统的正确性和有效性,并判断指标满足度。

6.1 桌面联试闭环系统搭建

6.1.1 卫星桌面联试简介

卫星研制流程一般可分为方案设计、单机测试、总装测试、环境试验和发射测试等几个阶段(见图 6.1)。

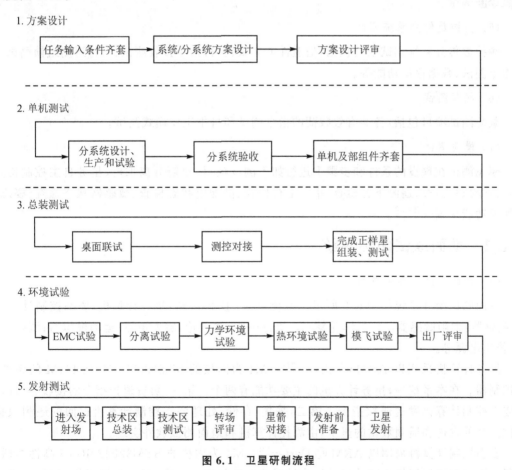

图 6.1 卫星研制流程

在卫星总装测试阶段完成桌面联试,桌面联试内容包括卫星星务、卫星电源、卫星测控和数传、卫星姿态控制等分系统和载荷测试以及系统集成测试[55]。桌面联试的具体内容如下:

(1) 接口测试

接口测试多采用万用表、示波器等设备进行检查,检查范围涉及星务分系统、姿态控制分系统、电源分系统、热控分系统、测控数传分系统、载荷分系统等接口。

(2) 电源分系统测试

电源分系统测试项目包括:母线电压检查、配电功能检查、负载电流测试、蓄电池组放电测试、锂离子蓄电池过充和过放保护功能测试、遥控指令检查、遥测参数检查、分离开关功能测试等。

(3) 星务分系统测试

星务分系统测试项目包括:遥测格式检查、遥控转发功能测试、CAN 总线通信功能测试、程控指令测试、单机自主管理功能测试等。

(4) 姿态控制分系统测试

姿态控制分系统桌面联试主要进行控制系统在各模式下的闭环测试以及控制软件模块的故障诊断测试。

(5) 测控数传分系统测试

测控数传分系统测试项目包括:信道性能测试、上行指令接收测试、下行遥测组帧测试、直接指令测试、数据存储功能等。

(6) 载荷测试

载荷测试项目包括:各类有效载荷的指令测试和自主工作模式测试。

(7) 模飞测试

模飞测试在预设的条件和步骤下进行如下测试项目:星箭分离加电、星务自主控制检查、程控指令执行检查、遥测下行检查、指令上行检查、供配电状态检查、敏感器状态检查、姿态模式切换功能检查等[56-57]。

6.1.2 桌面联试闭环系统

(1) 桌面联试闭环系统组成

桌面联试闭环系统如图 6.2 所示。系统包括:① 控制器:星务计算机,姿态控制计算机;② 敏感器:太阳敏感器,磁强计,陀螺;③ 执行机构:动量轮,磁力矩器;运动模拟器;测控计算机;稳压电源等。

星务计算机采用以 ARM © Cortex™ - M4 为内核的 M2S090T - 1FGG484M 的高性能微控制器。在本系统中,星务计算机的主要功能有两个。第一,负责遥控指令的接收、处理,并向姿态控制计算机发送遥控指令。第二,采集、存储、处理姿态控制计算机返回的遥测数据。遥控指令的发送和遥测数据的显示,由测控计算机和地面测试软件实现。

姿态控制计算机采用以 ARM © Cortex™ - M4 为内核的 STM32F429IGT6 高性能微控制器。姿态控制计算机主要功能是接收敏感器发送的姿态信息,经过计算后将控制信息输出

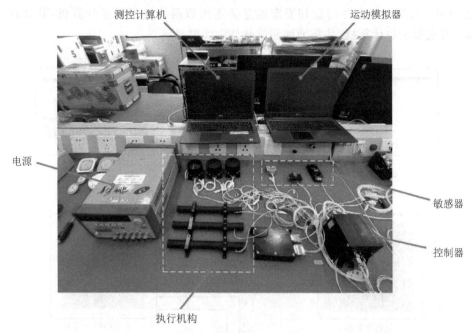

测控计算机　　　　　　　　　运动模拟器

电源

敏感器

控制器

执行机构

图 6.2　桌面联试闭环系统

至执行机构,实现预设的控制律和控制策略。同时,姿态控制计算机可以完成遥控指令的执行和遥测数据的下传。

敏感器包括太阳敏感器、磁强计和陀螺,分别用来测量卫星所在空间位置的太阳角、磁场强度和角速度。这些姿态信息输入至姿态控制计算机,通过姿态控制计算机内嵌的姿态确定算法,可实现卫星的姿态确定。

执行机构包括动量轮和磁力矩器,动量轮通过自身角动量的变化产生控制力矩,磁力矩器通电后与地磁场相互作用产生控制力矩。执行机构的目标控制力矩由姿态控制计算机内嵌的姿态控制算法计算输出。

运动模拟器内部含有卫星姿态动力学、运动学、敏感器和执行机构模型,其功能是仿真卫星在空间环境中的姿态[58]。

稳压电源采用 GPD - 4303S 多输出线性直流电源,输出的 5 V 和 12 V 两路电压为星务计算机和姿态控制计算机供电,再由姿态控制计算机通过部件接口板为所属部件(敏感器和执行机构)供电,卫星姿态控制系统部件的加电和断电由姿态控制计算机控制。

(2)闭环系统信息流

桌面联试系统的信息流如图 6.3 所示。其中,电源为星务计算机和姿态控制计算机供电,再由姿态控制计算机通过姿态控制计算机接口板为敏感器和执行机构供电;运动模拟器通过 RS422 接口将卫星姿态信息输入至姿态控制计算机,在姿态控制计算机中经过姿态确定和姿态控制后,通过 USB 接口将控制信息发送给运动模拟器,运动模拟器仿真卫星姿态运动学和动力学。对于敏感器来说,姿态控制计算机仅采集遥测数据但并不使用。对于执行机构来说,姿态控制计算机输出的控制信息发送给运动模拟器,同时也发送给真实部件,并采集其遥测数据,验证其性能状态。在测控计算机上通过地面测试软件发送遥控指令,指令信息通过 RS422 接口输入至星务计算机,星务计算机处理后经 CAN 总线输入至姿态控制计算机并执行。同时,姿态控制计算机会将部件信息和姿态信息等遥测数据传送至星务计算机,其处理后通过USB接口发送至测控计算机,并在地面测试软件中实时显示。

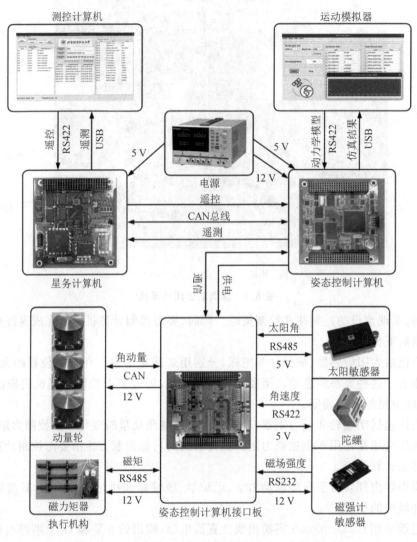

图 6.3 闭环系统信息流

6.1.3 闭环系统搭建实验

实验目的

➤ 认识各种通信物理接口;

➤ 了解星务计算机、姿态控制计算机与其他部件的连接方式;

➤ 搭建桌面联试闭环系统,加深对卫星桌面联试的理解。

实验内容

➤ 学习星务计算机和姿态控制计算机接口的节点定义;

➤ 根据节点定义表动手搭建桌面联试闭环系统;

➤ 做好实验过程记录,撰写实验报告。

实验步骤

（1）单机部件连接

姿态控制单元（控制器）内有三块 PCB 板，从上到下依次是星务计算机、姿态控制计算机接口板和姿态控制计算机，三块 PCB 板以插针式连接的方式进行通信，如图 6.4 所示。

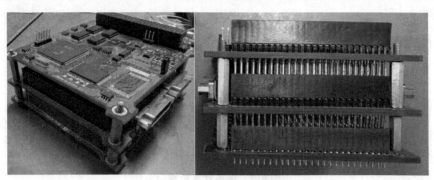

图 6.4　控制器 PCB 板

实验要求利用已有的接插件（见图 6.5）将陀螺、太阳敏感器、磁强计、动量轮和磁力矩器等单机部件与姿态控制计算机接口板上的相应端口进行连接，连接完成如图 6.6 所示。

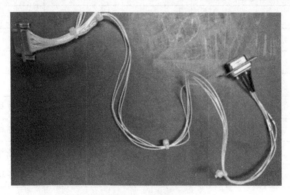

图 6.5　接插件

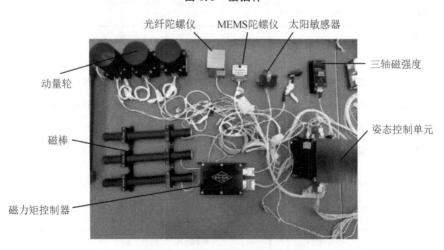

图 6.6　单机部件连接完成效果图

（2）控制器与 PC 机连接

如图 6.7 所示,控制器中的星务计算机共有 4 排共 104 个端口,分别为 H1-1,H1-3,…,H1-51;H1-2,H1-4,…,H1-52;H2-1,H2-3,…,H2-51;H2-2,H2-4,…,H2-52。星务计算机与 PC 机连接的端口集中在 H1 系列端口。星务计算机 H1 端口节点定义表如表 6.1 所列。

图 6.7　星务计算机端口

表 6.1　星务计算机 H1 端口节点定义表

H1 端口序号	H1 端口信号明细	H1 端口信号名称	H1 端口信号来源
序号 1	CANAL	A 总线-低	总线
序号 2			
序号 3	CANAH	A 总线-高	总线
序号 4			
序号 5	星务 422_1_R−	遥控− /星务自测试 422R−	星务与 UV 通信机主
序号 6	星务 422_1_R＋	遥控＋ /星务自测试 422R＋	星务与 UV 通信机主
序号 7	星务 422_1_T−	遥测− /星务自测试 422T−	星务与 UV 通信机主
序号 8	星务 422_1_T＋	遥测＋ /星务自测试 422T＋	星务与 UV 通信机主
序号 9			
序号 10			
序号 11			
序号 12			
序号 13	姿态控制 422_R−	姿态控制自测试 422R−	姿态控制自测试 422R−
序号 14	姿态控制 422_R＋	姿态控制自测试 422R＋	姿态控制自测试 422R＋
序号 15	姿态控制 422_T−	姿态控制自测试 422T−	姿态控制自测试 422T−
序号 16	姿态控制 422_T＋	姿态控制自测试 422T＋	姿态控制自测试 422T＋
⋮	⋮	⋮	⋮
序号 41	CANBL	B 总线-低	总线
序号 42			
序号 43	CANBH	B 总线-高	总线
序号 44	GND	二次电源地	电源

H1 端口序号	H1 端口信号明细	H1 端口信号名称	H1 端口信号来源
序号 45	GND	二次电源地	电源
序号 46	GND	二次电源地	电源
序号 47			
序号 48	5V	平台 5V	电源
序号 49	5V	平台 5V	电源
序号 50	5V	平台 5V	电源
序号 51	12V_1	平台 12V	电源
序号 52	12V_1	平台 12V	电源

如图 6.8 所示,星务计算机通过两根串口转换器(RS422 转 USB)分别与测控计算机(PC机 1)和运动模拟器(PC 机 2)相连接。串口转换器 USB 一端插入到对应 PC 机 USB 接口即可,RS422 一端与星务计算机上的端口相连,具体通信连接节点对应表如表 6.2 所列。

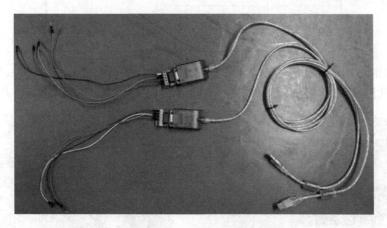

图 6.8　串口转换器

表 6.2　通信连接节点对应表

H1 端口序号	H1 端口信号明细	串口转换器 RS422 端口序号		串口转换器 RS422 端口信号明细
序号 5	星务 422_1_R−	转换器 1	序号 1	T/R−(Tx−)
序号 6	星务 422_1_R+		序号 2	T/R+(Tx+)
序号 7	星务 422_1_T−		序号 3	R1−(Rx−)
序号 8	星务 422_1_T+		序号 4	R1+(Rx+)
序号 13	姿态控制 422_R−	转换器 2	序号 1	T/R−(Tx−)
序号 14	姿态控制 422_R+		序号 2	T/R+(Tx+)
序号 15	姿态控制 422_T−		序号 3	R1−(Rx−)
序号 16	姿态控制 422_T+		序号 4	R1+(Rx+)

实验要求根据通信连接节点对应表,利用串口转换器将控制器与测控计算机(PC 机 1)和运动模拟器(PC 机 2)分别连接起来。

(3) 电源连接

直流稳压电源为控制器提供两路电压,分别是 5 V 和 12 V,电源连接节点对应表如表 6.3 所列。

表 6.3　电源连接节点对应表

H1 端口序号	H1 端口信号明细	备　注
序号 44	GND	
序号 45	GND	
序号 46	GND	电源共两路:
序号 48	5V	1. 5 V 和 GND
序号 49	5V	2. 12 V 和 GND
序号 50	5V	(任选节点)
序号 51	12V	
序号 52	12V	

实验要求在设置好电源预设电压和电流的基础上(无实际输出,见图 6.9),根据电源连接节点对应表,利用杜邦线将控制器与电源正负极连接起来,连接完成如图 6.10 所示。

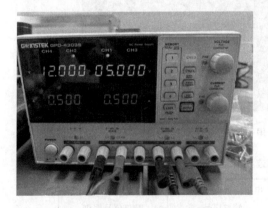

图 6.9　直流稳压源输出设置

图 6.10　电源及通信线路连接完成效果图

🖐 实验报告

实验结束后完成实验报告,报告中需包含以下内容:

① 写出所搭建桌面联试闭环系统的操作过程记录;

② 给出所搭建桌面联试闭环系统的效果图和动手实践总结与思考。

6.2　卫星姿态控制系统模拟飞行测试实验

6.2.1　太阳捕获模式测试

实验目的

➤ 掌握运动模拟器和地面测试软件的使用方法；

➤ 验证所设计星务系统和姿态控制系统软件的有效性；

➤ 完成姿态控制系统太阳捕获模式模飞测试。

实验内容

➤ 设定测试初始参数，启动桌面联试闭环系统；

➤ 上行遥控指令完成太阳捕获模式模飞测试；

➤ 整理实验数据，撰写实验报告。

实验步骤

（1）串口配置

实验要求分别打开测控计算机和运动模拟器端口目录，查看目前所使用的端口号，并在地面测试软件（位于测控计算机内）和姿态动力学软件（位于运动模拟器内）中选择对应的端口号，如图 6.11 和 6.12 所示。

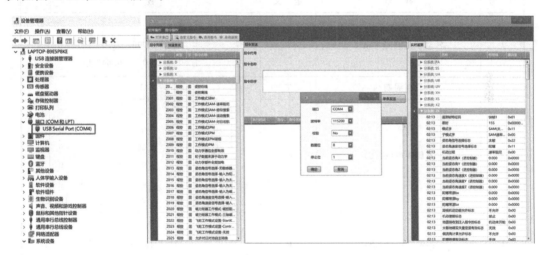

图 6.11　地面测试软件串口配置

下面简单介绍地面测试软件和姿态动力学软件界面及其使用方法。如图 6.11 所示，地面测试软件界面左侧为遥控指令发送区，用于控制卫星的姿态模式等。右侧为实时遥测数据接收区，用于接收真实部件的数据信息。中间区域为已发送指令的名称和指令码。为防止误触，在发送指令时须先单击解除保护，方可发送。如图 6.12 所示，姿态动力学软件界面中的上行数据为敏感器模型输入等信息，下行数据为经姿态控制计算机姿态确定和姿态控制后的执行机构输出信息，以及当前卫星时间、控制模式、姿态信息等多种数据。双击项目栏，可查看对应项目的曲线图像，以供在实验中判断、分析变化趋势。

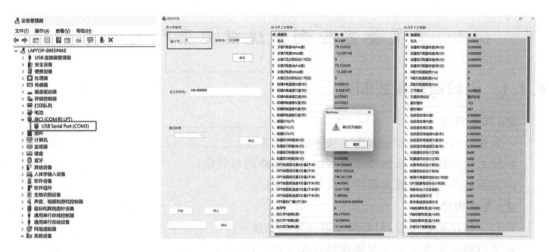

图 6.12　姿态动力学软件串口配置

（2）初始参数设置

实验要求在姿态动力学软件和姿态控制系统软件中,设定一些初始参数和仿真条件,下面给出一组数据可做参考（见表 6.4）。

表 6.4　初始参数和仿真条件

序 号	符　　号	定　义	数　　值
1	转动惯量/(kg·m²)	$\boldsymbol{I}$	$\begin{bmatrix} 1.021 & 0 & 0 \\ 0 & 1.006 & 0 \\ 0 & 0 & 0.643\ 1 \end{bmatrix}$
2	控制周期/s	T	1
3	系统噪声(EKF)	$\boldsymbol{Q}$	$\begin{bmatrix} 0.001 & 0 & 0 & 0 & 0 & 0 \\ 0 & 0.001 & 0 & 0 & 0 & 0 \\ 0 & 0 & 0.001 & 0 & 0 & 0 \\ 0 & 0 & 0 & 0.1 & 0 & 0 \\ 0 & 0 & 0 & 0 & 0.1 & 0 \\ 0 & 0 & 0 & 0 & 0 & 1.0 \end{bmatrix}$
4	测量噪声(EKF)	$\boldsymbol{R}$	$\begin{bmatrix} 1e\text{-}3 & 0 & 0 \\ 0 & 1e\text{-}3 & 0 \\ 0 & 0 & 1e\text{-}5 \end{bmatrix}$
5	陀螺常值漂移初值	$\boldsymbol{b}$	$[0(°)/h,\ 0(°)/h,\ 0(°)/h]^{\mathrm{T}}$
6	B-dot 磁阻尼系数	K_{Mm}	50
7	磁控周期系数	p	4
8	磁卸载系数	K_{PM}	1e-3
9	太阳搜索角速度/[(°)·s⁻¹]	ω_{s}	0.5

序 号	符 号	定 义	数 值
10		k_p	$[21.903\text{e}-3, 21.891\text{e}-3, 1.737\text{e}-3]^T$
11	PID 参数	k_i	$[492.908\text{e}-3, 492.641\text{e}-3, 39.091\text{e}-3]^T$
12		k_d	$[97.296\text{e}-6, 97.243\text{e}-6, 7.716\text{e}-6]^T$
13	姿态机动角速度/$[(°) \cdot s^{-1}]$	ω_m	0.5
14	轨道时间	UTC	2021 年 06 月 01 日 12 时 00 分 00 秒
15	动量轮初始角动量/$(N \cdot m \cdot s)$	$\boldsymbol{h}_{w0}$	$[0, 0, 0]^T$
16	动量轮目标角动量/$(N \cdot m \cdot s)$	$\boldsymbol{h}_w$	$[0.017\,925, -0.017\,925, 0.017\,925]^T$
17	初始姿态角	$\boldsymbol{\sigma}_{bo}$	$[5°, 2°, 1°]^T$
18	初始姿态角速度$[(°) \cdot s^{-1}]$	$\boldsymbol{\omega}_{bo}$	$[0.5, -0.7, -0.6]^T$
19	半长轴/km	a	6 878.137
20	偏心率	e	0.01
21	轨道倾角/(°)	i	97.4065
22	升交点赤经/(°)	Ω	189.74
23	近地点幅角/(°)	L	151.026
24	平近点角/(°)	M	4.733

（3）启动桌面联试闭环系统

按下直流稳压电源输出键，模拟星箭分离后卫星电源系统开始工作。此时控制器首先开机启动，之后控制单机部件依次加电：光纤陀螺（1 s）加电、磁强计（3 s）加电、太阳敏感器 1（4 s）加电、太阳敏感器 2（5 s 加电）、动量轮 X（8 s）加电、动量轮 Y（9 s）加电、动量轮 Z（10 s）加电、磁力矩器（12 s）加电。实验要求查验：卫星星务和姿态控制系统单机部件的加电状态和通信状态是否正常，各单机部件的测量值和极性是否正确。

（4）观察姿态参数变化并记录

实验要求观察地面测试软件实时遥测数据和姿态动力学软件下行数据的变化，如图 6.13 所示。

待卫星姿态参数收敛后，可以从地面测试软件和姿态动力学软件导出实时数据（.xlsx 或.txt），并绘制成曲线图以便于进一步分析，绘图 MATLAB 程序如下：

```
clear;
clc;
Y = xlsread('C:\Users\ThinkPad\Desktop\Experiment\SAM.xlsx', 'A2:A526')   % 第一条曲线
X = size(Y,1)
weight_new = zeros(X,1)
fori = 1:X
Y_new(i) = Y(i)
end
iteration = zeros(X,1);
fori = 1:X
iteration(i) = i - 1
```

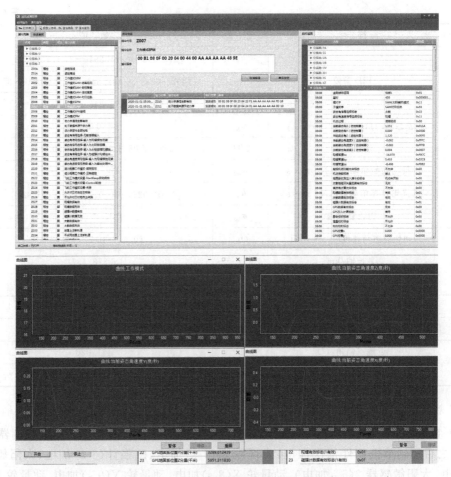

图 6.13 太阳捕获模式下的姿态参数

```
end
figure
plot(iteration,Y_new, 'g - ', 'LineWidth', 2)
hold on
xlabel('时间 ');ylabel('角速度 ');
title('角速度 ')
hold on

Y = xlsread('C:\Users\ThinkPad\Desktop\Experiment\SAM.xlsx', 'B2:B526')    % 第二条曲线
X = size(Y,1)
weight_new = zeros(X,1)
for i = 1:X
Y_new(i) = Y(i)
end
iteration = zeros(X,1);
for i = 1:X
iteration(i) = i - 1
end
figure
```

```
plot(iteration,Y_new, 'g-', 'LineWidth', 2)
hold on
xlabel('时间');ylabel('角速度');
title('角速度')
hold on


Y = xlsread('C:\Users\ThinkPad\Desktop\Experiment\SAM.xlsx', 'C2:C526')    % 第三条曲线
X = size(Y,1)
weight_new = zeros(X,1)
fori = 1:X
Y_new(i) = Y(i)
end
iteration = zeros(X,1);
fori = 1:X
iteration(i) = i-1
end
figure
plot(iteration,Y_new, 'g-', 'LineWidth', 2)
hold on
xlabel('时间');ylabel('角速度');
title('角速度')
hold on
```

　　桌面联试闭环系统启动后,卫星自动进入太阳捕获模式,得到该模式下子"模式字"的变化(0—速率阻尼;1—俯仰搜索;2—对日巡航)、姿态角速度和太阳敏感器的输出值如图 6.14~图 6.16 所示。

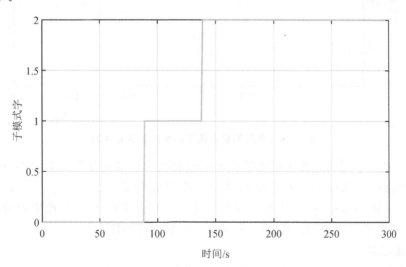

图 6.14　太阳捕获模式的子"模式字"变化

　　由图 6.14~图 6.16 可知,卫星在 90 s 内完成速率阻尼,然后沿俯仰轴(Y 轴)以 0.5(°)·s^{-1} 的速度转动搜索太阳,此时太阳敏感器有测量值输出并最终收敛,整个过程卫星三轴姿态角速度连续变化并最终趋于零,姿态角速度稳定后的变化范围为 −0.003~−0.002(°)·s^{-1},卫星实现对日巡航。

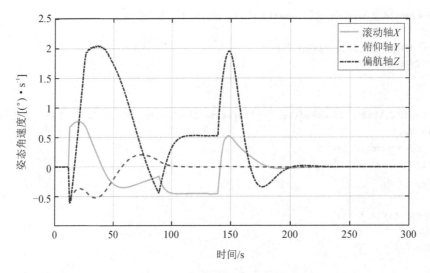

图 6.15　太阳捕获模式下的姿态角速度

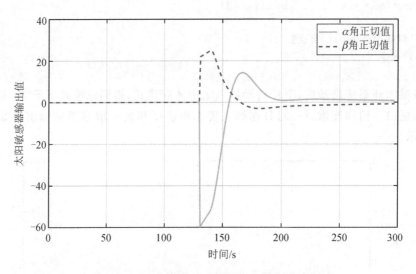

图 6.16　太阳捕获模式下的太阳敏感器输出

　　太阳捕获模式下磁力矩器的磁矩输出和动量轮的转速变化分别如图 6.17 和图 6.18 所示。在 90 s 内磁力矩器输出的磁矩较大，为速率阻尼提供磁控力矩，此阶段三轴动量轮启动至标称转速±1 500 rpm。90 s 之后，动量轮转速产生相应变化，为太阳搜索和对日巡航提供控制力矩，此阶段磁力矩器输出的磁矩较小，对动量轮进行卸载。

实验报告

实验结束后完成实验报告，报告中需包含以下内容：
① 写出在太阳捕获模式测试实验中的操作过程记录；
② 绘制姿态控制的效果曲线图；
③ 分析姿态角速度、太阳敏感器输出、磁力矩器磁矩和动量轮转速的变化及原因。

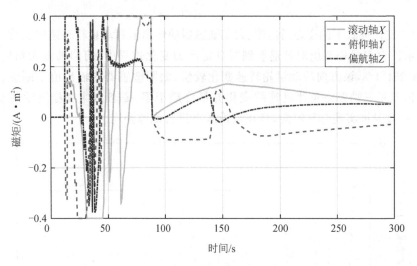

图 6.17　太阳捕获模式下的磁力矩器磁矩

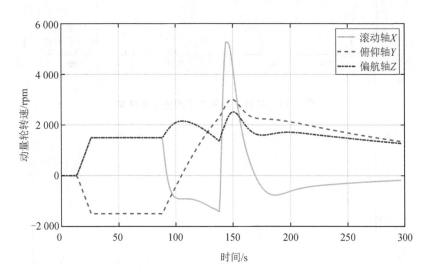

图 6.18　太阳捕获模式下的动量轮转速

6.2.2　对日定向模式测试

实验目的

➤ 验证所设计星务系统和姿态控制系统软件的有效性；
➤ 完成姿态控制系统对日定向模式模飞测试。

实验内容

➤ 上行遥控指令完成姿态模式切换；
➤ 整理实验数据,撰写实验报告。

实验步骤

利用测控计算机中的地面测试软件向星务计算机发送"工作模式 SPM"对日定向指令,实验要求观察地面测试软件实时遥测数据和姿态动力学软件下行数据的变化,并绘制曲线图进行分析。

  卫星对日定向模式下的姿态角速度、太阳敏感器的输出值和动量轮转速的变化如图 6.19～图 6.21 所示。在卫星姿态由对日巡航到对日定向的变化过程中,俯仰轴做大角度机动,机动速度可达 0.25(°)/s,该方向的动量轮转速变化较快,太阳敏感器的输出值不断变化并最终收敛,整个过程卫星三轴姿态角速度连续变化并最终趋于零,姿态角速度稳定后的变化范围为 0～0.004(°)/s,卫星实现对日定向,且在该模式下进行能源补充。

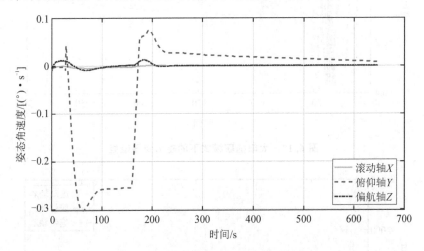

图 6.19 对日定向模式下的姿态角速度

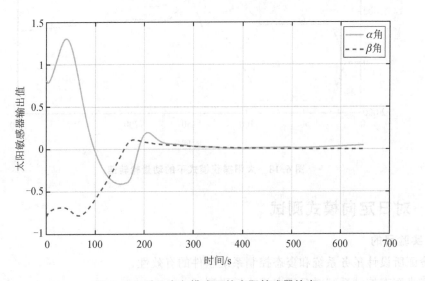

图 6.20 对日定向模式下的太阳敏感器输出

☞ **实验报告**

实验结束后完成实验报告,报告中需包含以下内容:

① 写出在对日定向模式测试实验中的操作过程记录;

② 绘制姿态控制的效果曲线图;

③ 分析姿态角速度、太阳敏感器输出和动量轮转速的变化及原因。

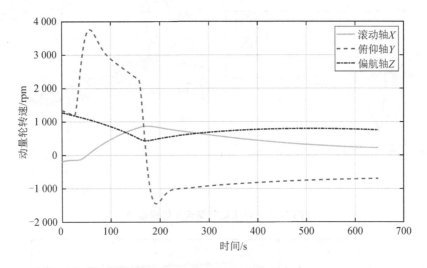

图 6.21　对日定向模式下的动量轮转速

6.2.3　对地定向模式测试

🖉 实验目的

➤ 验证所设计星务系统和姿态控制系统软件的有效性；

➤ 完成姿态控制系统对地定向模式模飞测试；

➤ 验证姿态控制系统实际性能是否满足指标要求。

🖉 实验内容

➤ 上行遥控指令完成姿态模式切换；

➤ 观察并记录稳定后的姿态参数，与指标要求作对比；

➤ 整理实验数据，撰写实验报告。

🖉 实验步骤

利用测控计算机中的地面测试软件向星务计算机发送"工作模式 EPM"对地定向指令，实验要求观察地面测试软件实时遥测数据和姿态动力学软件下行数据的变化，并绘制曲线图进行分析。

卫星对地定向模式下的姿态角、姿态角速度和组合定姿结果如图 6.22～图 6.24 所示。在卫星姿态由对日定向到对地定向的变化过程中，偏航轴做大角度机动，机动速度可达 $0.35(°) \cdot s^{-1}$（优于 $30°/120 \text{ s}$），满足姿态机动能力指标要求。姿态角和姿态角速度连续变化并最终趋于零，其稳定后的变化范围分别为 $0 \sim 0.022°$ 和 $-0.003 \sim 0(°) \cdot s^{-1}$。组合定姿结果与姿态角变化趋势一致，组合定姿结果稳定后的变化范围为 $-0.084 \sim -0.018°$，卫星实现对地定向，在该模式下执行大部分载荷任务。此时，姿态确定精度优于 $0.1°$，指向精度优于 $0.2°$，姿态稳定度优于 $0.01(°) \cdot s^{-1}$，满足性能指标要求，卫星姿态控制系统性能良好。

对地定向模式下动量轮的转速变化和磁力矩器的磁矩输出分别如图 6.25 和图 6.26 所示。在对地定向过程中，动量轮转速连续变化，为姿态机动提供控制力矩，磁力矩器在姿态机动阶段产生磁矩为动量轮卸载，实现了较高精度的联合控制。

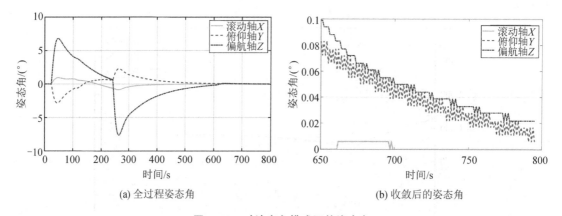

(a) 全过程姿态角　　　　　　　　　　　(b) 收敛后的姿态角

图 6.22　对地定向模式下的姿态角

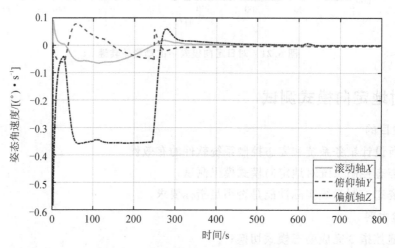

图 6.23　对地定向模式下的姿态角速度

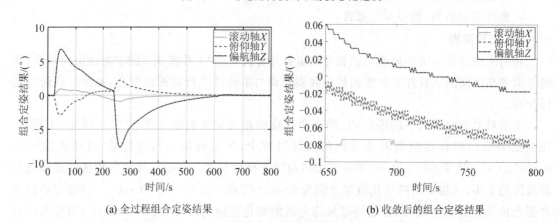

(a) 全过程组合定姿结果　　　　　　　　(b) 收敛后的组合定姿结果

图 6.24　组合定姿结果

🖎 **实验报告**

实验结束后完成实验报告,报告中需包含以下内容:

① 写出在对地定向模式测试实验中的操作过程记录;

② 绘制姿态控制的效果曲线图;

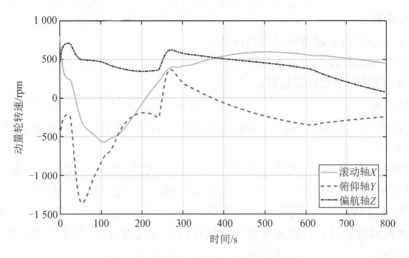

图 6.25　对地定向模式下的动量轮转速

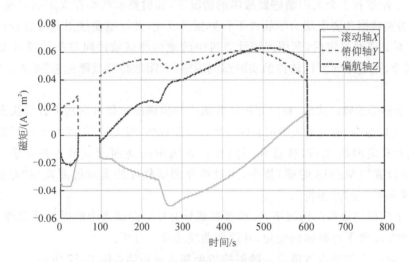

图 6.26　对地定向模式下的磁力矩器磁矩

③ 分析姿态角、姿态角速度、磁力矩器磁矩和动量轮转速的变化及原因;

④ 结合在第 3 章卫星姿态控制系统方案设计时所确定的性能指标,分析系统实际性能是否满足指标要求;

⑤ 总结模飞测试实验。

6.3　卫星姿态控制系统故障模式测试实验

6.3.1　卫星敏感器故障测试

实验目的

➤ 学习利用地面测试软件设置单机部件故障;

➤ 验证星务系统和姿态控制系统的故障处理效果和容错能力;

➤ 完成太阳敏感器和陀螺故障时的系统测试。

✍ **实验内容**

➢ 在相应姿态模式下设置单机部件故障；

➢ 完成卫星敏感器故障时的系统测试；

➢ 整理实验数据，撰写实验报告。

✍ **实验步骤**

① 按下直流稳压电源输出键，启动桌面联试闭环系统，卫星姿态控制系统的工作模式进入太阳捕获模式；

② 利用测控计算机中的地面测试软件向星务计算机发送"GA1 故障位设置"（光纤陀螺）指令，通过地面测试软件的实时遥测观察"陀螺 A 故障标志"是否由"未报警"变为"报警"；

③ 光纤陀螺故障后，接着利用测控计算机中的地面测试软件向星务计算机发送"DSS 故障位设置"（太阳敏感器）指令，通过地面测试软件的实时遥测观察"太敏故障标志"是否由"未报警"变为"报警"；

④ 在 1 个陀螺和 1 个太阳敏感器故障的情况下，实验要求观察在太阳捕获模式中地面测试软件实时遥测数据和姿态动力学软件下行数据的变化，并绘制曲线图进行分析；

⑤ 卫星对日巡航稳定后，利用测控计算机中的地面测试软件向星务计算机发送"DSS 故障位清零"指令，通过地面测试软件的实时遥测观察"太阳敏感器故障标志"是否由"报警"变为"未报警"；

⑥ 太阳敏感器故障解除后，利用测控计算机中的地面测试软件向星务计算机发送"工作模式 SPM"对日定向指令，通过地面测试软件的实时遥测观察"模式字"是否由"SAM"变为"SPM"；

⑦ 进入对日定向模式后，接着利用测控计算机中的地面测试软件向星务计算机发送"GA2 故障位设置"（MEMS 陀螺）指令，通过地面测试软件的实时遥测观察"陀螺 B 故障标志"是否由"未报警"变为"报警"；

⑧ 在 2 个陀螺均故障的情况下，实验要求观察对日定向模式中地面测试软件实时遥测数据和姿态动力学软件下行数据的变化，并绘制曲线图进行分析。

地面测试软件中与单机故障有关的遥控指令和实时遥测如图 6.27 所示。

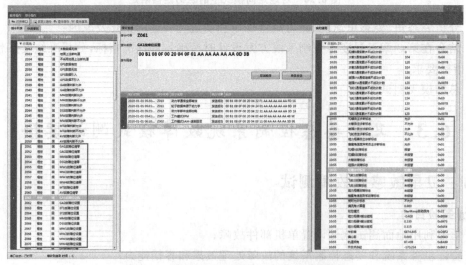

图 6.27 故障相关遥控指令和实时遥测界面

在太阳捕获模式下,步骤①～⑤整个过程的姿态角速度和太阳敏感器的输出值分别如图 6.28 和图 6.29 所示。

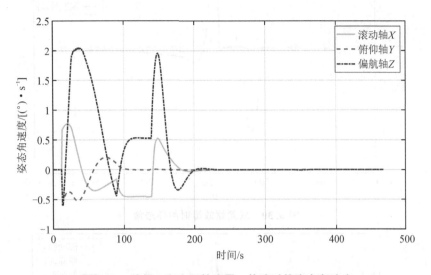

图 6.28　陀螺 1 和太阳敏感器 1 故障时的姿态角速度

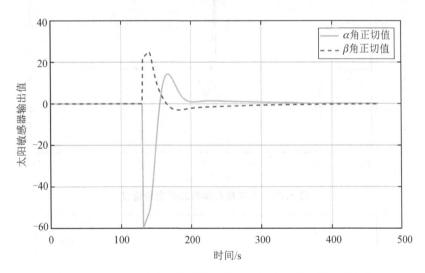

图 6.29　陀螺 1 和太阳敏感器 1 故障时的太阳敏感器 2 输出值

在陀螺 1 和太阳敏感器 1 故障时,卫星经过速率阻尼和太阳搜索,最终可实现对日巡航,各子模式执行时间和稳定精度没有受到较大影响,因此证明姿态控制系统冗余备份(双陀螺、双太阳敏感器)的故障处理策略有效。

在对日定向模式下,步骤⑥～⑧整个过程的姿态角、姿态角速度和太阳敏感器的输出值如图 6.30～图 6.32 所示。

在两个陀螺均出现故障时,与对日定向模式的正常状态相比,俯仰轴和偏航轴均有大角度机动,姿态角在一定范围内出现波动,姿态角速度的变化幅值变大,太阳敏感器的输出值收敛时间变长。这是由于磁强计和太阳敏感器的测量精度和输出频率较低[59],且通过双矢量差分得到的角速度没有消除测量误差,因此稳定时间变长,但证明了双矢量差分算法的有效性。

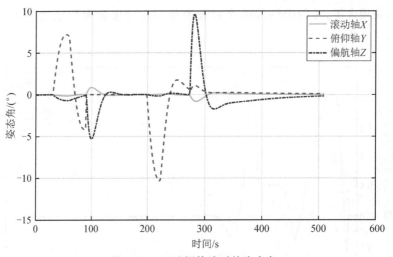

图 6.30　双陀螺故障时的姿态角

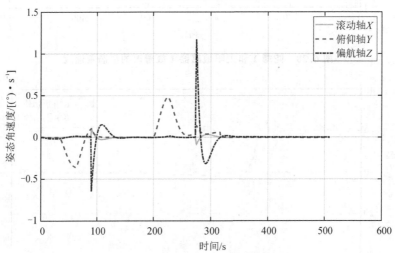

图 6.31　双陀螺故障时的姿态角速度

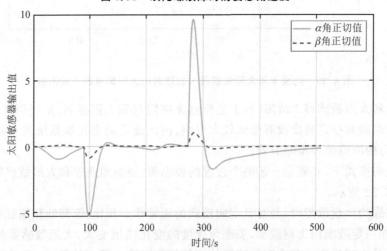

图 6.32　双陀螺故障时的太阳敏感器输出值

✍ **实验报告**

实验结束后完成实验报告,报告中需包含以下内容:

① 写出卫星敏感器故障测试实验中的操作过程记录;

② 绘制姿态控制的效果曲线图;

③ 分析姿态角、姿态角速度、陀螺输出和太阳敏感器输出的变化及原因;

④ 结合在第 3 章卫星姿态控制系统软件设计时所确定的故障处理策略,分析系统实际容错能力是否达到预期。

6.3.2　卫星执行机构故障测试

✍ **实验目的**

➤ 验证星务系统和姿态控制系统的故障处理效果和容错能力;

➤ 完成动量轮故障时的系统测试。

✍ **实验内容**

➤ 在相应姿态模式下设置单机部件故障;

➤ 完成卫星执行机构故障时的系统测试;

➤ 整理实验数据,撰写实验报告。

✍ **实验步骤**

① 卫星对日定向稳定后,利用测控计算机中的地面测试软件向星务计算机发送"GA1 故障位清零"和"GA2 故障位清零"指令,使两个陀螺实时遥测显示均"未报警";

② 解除双陀螺故障后,利用测控计算机中的地面测试软件向星务计算机发送"工作模式 EPM"对地定向指令,通过地面测试软件的实时遥测观察"模式字"是否由"SPM"变为"EPM";

③ 进入对地定向模式后,接着利用测控计算机中的地面测试软件向星务计算机发送"MW2 故障位设置"(Y 轴动量轮)指令,通过地面测试软件的实时遥测观察"飞轮 2 故障标志"是否由"未报警"变为"报警";

④ 在 Y 轴动量轮故障的情况下,实验要求观察在对地定向模式中地面测试软件实时遥测数据和姿态动力学软件下行数据的变化,并绘制曲线图进行分析;

在对地定向模式下,步骤①~④整个过程的姿态角和姿态角速度分别如图 6.33 和图 6.34 所示。在 Y 轴动量轮出现故障时,与对地定向模式的正常状态相比,偏航轴的姿态角和姿态角速度的变化幅值在 100 s 内较大,且收敛时间较长,但收敛后的姿态指向精度和稳定度均满足性能指标要求。

动量轮的转速变化和磁力矩器的磁矩输出分别如图 6.35 和图 6.36 所示。Y 轴动量轮故障瞬间,其转速立即突变减小,之后由于惯性所保留的转速也逐步降为 0。在此过程中,X 轴和 Z 轴动量轮转速变化较快,产生较大的力矩用于稳定卫星姿态。磁力矩器在 X 轴和 Z 轴方向产生较大的磁矩,从而在动量轮故障方向(Y 轴)提供磁控力矩,与动量轮联合控制卫星姿态。由图中还可以看出,磁力矩器在 X 轴和 Z 轴产生的磁矩出现一定的抖动,原因是所产生的磁矩既要为动量轮卸载,也要在俯仰方向控制卫星姿态,但磁力矩器工作脉宽大于控制周期,且响应速度较慢。总的来说,证明了动量轮和磁力矩器联合控制算法的有效性。

✍ **实验报告**

实验结束后完成实验报告,报告中需包含以下内容:

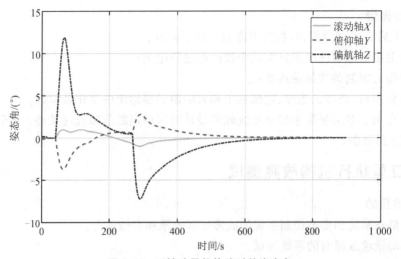

图 6.33　Y 轴动量轮故障时的姿态角

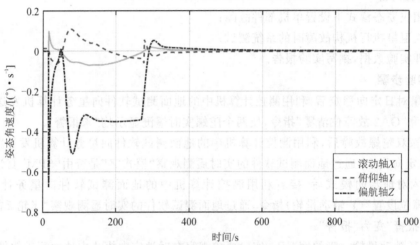

图 6.34　Y 轴动量轮故障时的姿态角速度

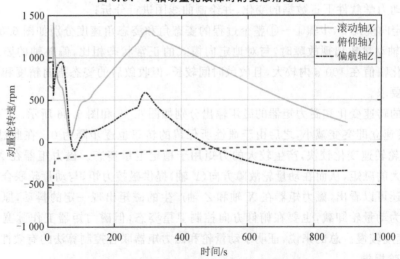

图 6.35　Y 轴动量轮故障时的三轴动量轮转速

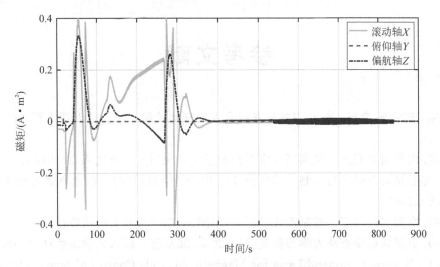

图 6.36 Y 轴动量轮故障时的磁力矩器磁矩

① 写出卫星执行机构故障测试实验中的操作过程记录；

② 绘制姿态控制的效果曲线图；

③ 分析姿态角、姿态角速度、磁力矩器磁矩和动量轮转速的变化及原因；

④ 结合在第 3 章卫星姿态控制系统软件设计时所确定的故障处理策略，分析系统实际容错能力是否达到预期；

⑤ 总结故障测试实验。

参考文献

[1] 李志刚,李军予,李超,等.小卫星星务技术发展现状及展望[J].航天器工程,2021,30(6):128-134.

[2] 施少范.国外对地观测卫星高精度姿态控制系统研究[J].上海航天,2000(6):49-53.

[3] 李东.皮卫星姿态确定与控制技术研究[D].中国科学院研究生院(上海微系统与信息技术研究所),2005.

[4] 杨大明.空间飞行器姿态控制系统[M].哈尔滨:哈尔滨工业大学出版社,2000.

[5] 章仁为.卫星轨道姿态动力学与控制[M].北京:北京航空航天大学出版社,1998.

[6] Marc L. Renard. Command Laws for Magnetic Attitude Control of Spin-Stabilized Earth Satellites[J]. Spacecraft,1967,4(2):156-163.

[7] Patrick J. Hawkins. James P. C. Clark. Autonomous Magnetic Attitude Control System of the Aem Base Module[J]. AIAA:79-1770.

[8] 屠善澄,陈义庆,严拱添,等.卫星姿态动力学与控制[M].北京:中国宇航出版社,1999.

[9] 赵育善.航天器飞行动力学建模理论与方法[M].北京:北京航空航天大学出版社,2012.

[10] 李孝同,施思寒,李捷.星务小卫星技术 国防科技[M].北京理工大学出版社,2023.

[11] 姚敏.微小卫星智能化星务系统关键技术研究[D].南京航空航天大学,2008.

[12] 佟为明,穆明,林景波,等.现场总线标准[J].低压电器,2003,000(2):32-36.

[13] 郭碧波,薛力军,张迎春,等.基于星载电子设备的信息传输系统及方法:CN201110322994.5[P].CN102364908A[2024-09-21].

[14] ZHANG T Y, LI Q Y. Design of motion control card based on SmartFusion2 SoC FPGA chip[J]. Electronic Design Engineering,2018.

[15] Gmbh L. μTrace supports Microsemis SmartFusion2 SoC FPGA Family[J]. [2024-09-21].

[16] 陈世淼,倪淑燕,廖育荣,等.基于SmartFusion2的星载CAN总线设计与实现[J].电子设计工程,2021,29(14):6.

[17] 王婷,朱庄生.星务管理软件框架设计与实现[J].系统仿真学报,2010,22(S1):30-33.

[18] 马传干.基于FPGA和DSP的星载软件动态重构设计[J].电子设计工程,2021,29(11):6.

[19] 张雪.基于MPC8260的微小卫星星载计算机操作系统设计[D].北京:中国地质大学(北京),2008.

[20] 宋海,张家彪,陈莉,等.微小卫星发展进程研究综述[J].中国航班,2019(7):4.

[21] 马兴瑞.卫星结构与机构技术进展[C]//卫星结构与机构技术学术研讨会.北京:中国空间技术研究院,2003.

［22］陈烈民.航天器结构与机构:空间飞行器设计专业系列教材［M］.北京:中国科学技术出版社,2005.

［23］侯增祺,胡金刚.航天器热控制技术:原理及其应用［M］.北京:中国科学技术出版社,2007.

［24］Ll G X. Power from space prospects for the 21 st century:The 1996 Peter E. laser lecture［J］. Space Technology,1997(5-6):259-263.

［25］DUDASL,VARGA L,SELLER R. The communication subsystem of Masat-1,the first Hungarian satellite［C］//Proc SPlE 7502, Photonics Applications in Astronomy,Communications industry and High-Energy Physics Experiments,2009,7502:184-193.

［26］王洪全,刘天华,欧阳承曦,等.基于星基的 ADS-B 系统现状及发展建议［J］.通信技术,2017,50(11):2483-2489.

［27］赵法彬.引领卫星通信导航一体化发展潮流［J］.数字通信世界,2016(6):1.

［28］柏林.三轴稳定卫星姿态确定和姿态控制系统研究［D］.西安:西北工业大学,2001.

［29］Wiley J L,James R W. Space Mission Analysis and Design. Second Edition,Kluwer Academic Publishers,1992.

［30］Maryam Kiani, Seid H, Pourtakdoust. Adaptive Square-Root Cubature-Quadrature Kalman Particle Filter for satellite attitude determination using vector observations［J］. Acta Astronautica, 2014, 105(1) : 109-116.

［31］Sharma R M , Kawari R, Bhandari S, et al. Simulation of CubeSat Detumbling Using B-Dot Controller［C］. Proceeding of International Conference on Sustainable Expert Systerms, 2021:541-553.

［32］范国伟,王绍举,常琳,等.基于三段式规划的挠性敏捷卫星姿态快速机动控制［C］//第36届中国控制会议,2024.

［33］林谦.变结构控制在挠性航天器姿态快速机动控制中的应用［D］.哈尔滨:哈尔滨工业大学,2014.

［34］陈红飞,章生平,孙立达,等.基于 GPS 高精度高可靠卫星自主校时系统设计［J］.现代电子技术,2018,41(15):105-107.

［35］杨维廉.基于 Brouwer 平根数的冻结轨道［J］.中国空间科学技术,1998(5):16-21.

［36］谢韬.北斗载体姿态测量技术研究及在动车组测姿试验中的应用［D］.兰州:兰州交通大学,2024.

［37］石良臣.MATLAB/Simulink 系统仿真超级学习手册(工程软件应用精解)［M］.人民邮电出版社,2014.

［38］吴敬玉.双圆锥扫描式红外地球敏感器在我国卫星上的应用［C］//2007 年全国第十六届十三省(市)光学学术会议论文集.上海航天控制工程研究所,2007:9.

［39］孙宝祥,赵健翔,李宝绥,等.摆动扫描地球敏感器数学模型及飞行试验结果［J］.控制工程, 2000.

［40］何丽,胡以华.太阳敏感器的原理与技术发展趋势［J］.电子元件与材料,2006,25(9):3.

［41］张辉.恒星敏感器［J］.河池学院学报,2004.

［42］吴美平,田菁,胡小平.三轴磁强计轨道确定［J］.国防科技大学学报,2002,24(3):4.

[43] 曹红松,陈国光,赵捍东,等.姿态测试用磁通门磁强计的设计[J].弹道学报,2002,14(2):5.

[44] 刘付成,刘汝滨.卫星惯性姿态敏感器技术[J].上海航天,2003,20(5):5.

[45] 郭秀中.惯导系统陀螺理论[M].北京:国防工业出版社,1996.

[46] 齐汝先,张银玉,李通生,等.低轨道卫星三轴稳定姿态控制喷气系统[J].中国空间科学技术,1981,1(2).

[47] RUSSI M J. A survey of monopropellant hydrazine thrustertechnology[J]. AIAA, 1973:73-1263.

[48] THOMPSON P J. Characterization of attitude control propulsion system[J]. NTI, 1971:37375.

[49] ROSE L J. Evaluation of a Monopropellant Propulsion System Converted to Bipropellants[J]. AIAA, 1985:85-1301.

[50] SOVEY J S, HAMLEY J A, et al. The Evolutionary Developmentof High Specific Impulse Electric Thruster Technology[J]. AIAA, 1992:1982-1556.

[51] 康小录,杭观荣,朱智春.霍尔电推进技术的发展与应用[J].火箭推进,2017,43(1):8-17+37.

[52] 张天平,耿海,张雪儿,等.离子电推进技术的发展现状与未来[J].上海航天,2019,36(06):88-96.

[53] 马星宇.基于反作用飞轮和磁力矩器的卫星姿态控制系统研究[D].哈尔滨:哈尔滨工业大学,2013.

[54] 谢祥华.微小卫星姿态控制系统研究[D].南京:南京航空航天大学,2007.

[55] 马玉海,陈雪芹,耿云海,等.某型号卫星桌面联试平台数据接口研究[J].哈尔滨工业大学学报,2011,43(9):25-29+37.

[56] 王晓龙.集成信息处理器模飞测试系统研制[D].哈尔滨:哈尔滨工业大学,2017.

[57] 张毅刚,彭宇,刘大同,等.小卫星星载计算机便携式实时"模飞"系统设计[C]//2009中国仪器仪表与测控技术大会论文集,哈尔滨工业大学自动化测试与控制研究所;中国航天二院第二总体设计部,2009:5.

[58] 朱郁斐,郑伟,郭振云.卡尔曼滤波在卫星姿态控制系统测试中的应用[J].上海航天,2007(01):61-64.

[59] Tan J LZ. A frequency measurement method based on optimal multi-average for increasing proton magnetometer measurement precision[J]. Measurement, 2019, 135:418-423.